萬年曆法

古代曆法與歲時文化

臺運真 編著

崧燁文化

目錄

序言

文化是民族的血脈，是人民的精神家園。

文化是立國之根，最終體現在文化的發展繁榮。博大精深的中華優秀傳統文化是我們在世界文化激盪中站穩腳跟的根基。中華文化源遠流長，積澱著中華民族最深層的精神追求，代表著中華民族獨特的精神標識，為中華民族生生不息、發展壯大提供了豐厚滋養。我們要認識中華文化的獨特創造、價值理念、鮮明特色，增強文化自信和價值自信。

面對世界各國形形色色的文化現象，面對各種眼花繚亂的現代傳媒，要堅持文化自信，古為今用、洋為中用、推陳出新，有鑑別地加以對待，有揚棄地予以繼承，傳承和昇華中華優秀傳統文化，增強國家文化軟實力。

浩浩歷史長河，熊熊文明薪火，中華文化源遠流長，滾滾黃河、滔滔長江，是最直接源頭，這兩大文化浪濤經過千百年沖刷洗禮和不斷交流、融合以及沉澱，最終形成了求同存異、兼收並蓄的輝煌燦爛的中華文明，也是世界上唯一綿延不絕而從沒中斷的古老文化，並始終充滿了生機與活力。

中華文化曾是東方文化搖籃，也是推動世界文明不斷前行的動力之一。早在五百年前，中華文化的四大發明催生了歐洲文藝復興運動和地理大發現。中國四大發明先後傳到西方，對於促進西方工業社會發展和形成，曾造成了重要作用。

中華文化的力量，已經深深熔鑄到我們的生命力、創造力和凝聚力中，是我們民族的基因。中華民族的精神，也已深深植根於綿延數千年的優秀文化傳統之中，是我們的精神家園。

總之，中華文化博大精深，是中華各族人民五千年來創造、傳承下來的物質文明和精神文明的總和，其內容包羅萬象，浩若星漢，具有很強文化縱深，蘊含豐富寶藏。我們要實現中華文化偉大復興，首先要站在傳統文化前沿，薪火相傳，一脈相承，弘揚和發展五千年來優秀的、光明的、先進的、科學的、文明的和自豪的文化現象，融合古今中外一切文化精華，構建具有中華文化特色的現代民族文化，向世界和未來展示中華民族的文化力量、文化價值、文化形態與文化風采。

為此，在有關專家指導下，我們收集整理了大量古今資料和最新研究成果，特別編撰了本套大型書系。主要包括獨具特色的語言文字、浩如煙海的文化典籍、名揚世界的科技工藝、異彩紛呈的文學藝術、充滿智慧的中國哲學、完備而深刻的倫理道德、古風古韻的建築遺存、深具內涵的自然名勝、悠久傳承的歷史文明，還有各具特色又相互交融的地域文化和民族文化等，充分顯示了中華民族厚重文化底蘊和強大民族凝聚力，具有極強系統性、廣博性和規模性。

本套書系的特點是全景展現，縱橫捭闔，內容採取講故事的方式進行敘述，語言通俗，明白曉暢，圖文並茂，形象直觀，古風古韻，格調高雅，具有很強的可讀性、欣賞性、知識性和延伸性，能夠讓廣大讀者全面觸摸和感受中華文化的豐富內涵。

肖東發

時間法則——傳統曆法

曆法是指推算年、月、日、時的長度和它們相互之間的關係，制定時間順序的方法。中國是世界上最早發明曆法的國家之一，曆法對中國經濟、文化的發展有著深遠的影響。

農曆屬於陰陽合曆，它集陰、陽兩曆的特點於一身，也被稱為陰陽曆。事實上，一本曆書，除了反映天文地理自然規律外，上面刻畫的是另一張「時間之網」。

這張時間之網，是與中國的傳統文化融在一起，是中國古人看天、看地、看萬事萬物的態度的結晶，反映了古人的自然觀。

虞喜發現歲差與制定曆法

歲差，在天文學中是指一個天體的自轉軸指向因為重力作用導致在空間中緩慢而且連續的變化。晉代天文學家虞喜發現了歲差，並推算出冬至點每五十年後退一度，在當時世界上處於領先地位。

歲差的發現並推算出精確數值，對中國曆法的制定具有重要意義。後世曆法都引進這一成果，使中國曆法中的歲差值日趨精確。

北京古觀象台模型

在西晉時期的某一個夜晚，會稽郡的天空星光璀璨，一顆顆明亮的星星遠在天邊，又彷彿近在咫尺。在會稽郡餘姚縣的一座觀星樓上，站著一名寬袍大袖、身形瀟灑的男子，神情卻是莊嚴肅穆，正抬頭專注地觀察著星空。

這個姿勢好似亙古不變，眼神裡有一種痴迷與執著。日復一日，年復一年，他就這樣觀察著星空，又不斷地在星圖上畫下新的記號。

他就是東晉天文學家虞喜，中國最早發現歲差的人。虞喜博學好古，一生以做學問為最大樂趣。他治學敢於突破樊籬，不受前人觀點束縛，以打破常規的方式發現了歲差，並求出了比較精確的歲差值。

會稽郡 古郡名，在今江浙地區。郡治吳縣，即現在的江蘇省蘇州市姑蘇區，轄春秋時期越國、吳國故地。漢成帝時轄二十六縣，人口逾百萬，為當時轄境最廣闊的郡，隸屬揚州刺史部。西晉初會稽郡轄十縣，僅轄今紹興、寧波一帶。唐肅宗時期改為越州，會稽郡不復存在。

歲差是地軸運動引起春分點向西緩慢運行而使回歸年比恆星年短的現象。

歲差分日月歲差和行星歲差兩種：前者由月球和太陽的引力產生的地軸運動引起；後者由行星引力產生的黃道面變動引起。

早在西元前二世紀，古希臘天文學家喜帕恰斯透過比較恆星古今位置的差異，發現了春分點每一百年西移一度的歲差現象。

隨著天文學的逐漸發展，中國古代科學家們也漸漸發現了歲差的現象。

西漢時期的官員鄧平，東漢時期的大儒劉歆、天文學家賈逵等人，都曾觀測出冬至點後移的現象，不過他們都還沒有明確地指出歲差的存在。至東晉初期，天文學家虞喜才開始肯定歲差現象的存在，並且首先主張在曆法中引入歲差。

虞喜透過與喜帕恰斯不同的途徑獨立發現了歲差現象。虞喜把古今對冬至中天星宿的觀察記錄做了對比，發現唐堯時期冬至黃昏中天星宿為昴宿，而兩千七百年之後的西晉時期，冬至黃昏中天星宿卻在東壁。

對於這種變遷的原因，虞喜明確地把它歸結為冬至點連續不斷地西移，也就是冬至太陽所在的位置逐漸偏西造成的。

黃道面是指地球繞太陽公轉的軌道平面，與地球赤道面交角為二十三點二六度。由於月球和其他行星等天體的引力影響地球的公轉運動，黃道面在空間的位置總是在不規則地連續變化。但在變動中，任一時間這個平面總是透過太陽中心。黃道面和地球相交的大圓稱為黃道。

從冬至點不斷地西移，虞喜進而悟到，今年冬至太陽在某宿度，可是到了明年太陽並沒有回歸到原來的宿度，這樣每隔一年，稍微有差。因此，虞喜把一回歸年太陽走過的路程小於一週天的現象稱為「歲差」。

天體的引力導致地球潮汐，潮汐導致地球差異旋轉，地球差異旋轉導致歲差。虞喜當時雖然不知道也不可能瞭解這些道理，但是他從古代冬至點位置實測數據發生西退現象的分析中，得出了太陽一週天並非冬至一週年結論。這就發現了回歸年同恆星年的區別所在。

虞喜不僅是中國第一個發現歲差的人，他還經過無數次計算，推算出歲差的具體數值。

虞喜根據《堯典》記載的唐堯時期到他所處的晉代，相隔兩千七百餘年，冬至黃昏中星經歷了昴、胃、婁、奎四個宿共五十三度，由此求得歲差值為約五十年退一度。

冬至點太陽在南方可以到達之最遠處。並不是一個在地球上存在的點。地球傾斜自轉又圍繞太陽公轉，於是太陽光對地球的直射點在分分秒秒地改變，當太陽光直射到地球南迴歸線的那一刻，地球在公轉軌道的那一點就是冬至點。

由於虞喜所用的古代觀察值取自傳說時代，時間區也未必與冬至昴宿中天的時代相合，所以得出的結果與歐洲人沿用一千多年的每一百年差一度的數值相比，已經精確了很多。

虞喜發現歲差後，立即得到南朝時期的兩位天文學家何承天和祖沖之的承認和應用。祖沖之把歲 差應用到《大明曆》中，在天文曆法史上是一個創舉，為中國曆法的改進揭開了新的一頁。

「歲差」是天文學中比較深一層次的內容，因為這種體現在複雜的地球運動中的現象，以常人不易察覺的方式在表現著，往往一代人甚至幾代人都沒有感覺到。但對於研究歷史進程的人來說，則是必須考慮的問題虞喜用的是最原始的肉眼觀察法，透過非常仔細的觀察、記錄和對比，再根據歷史記錄，將不同年份同一日期中的星空天體位置做比較，發現微小的誤差而去做深入的分析，最後得出來更接近於實際的結論。

自從虞喜發現歲差後，遇到了兩次大討論：一次是在南代劉宋大明年間；一次是在唐代初年。這兩場關於歲差的辯論，實際上反映了當時科學和反科學、進步和保守兩種勢力的尖銳鬥爭。經過兩次辯論，使得歲差之說深入人心，為中國古代天文學家公認。

事實上，地球繞日運行時間並非一個穩定的常數，歲差即非常數的偏差。虞喜發現並推算出歲差具體數值後，因為種種原因，以至於以後各朝代所發佈資料不一，有人認為每四十五年差一度，也有人認為五十年差一度，也有認為六十七年、八十二年。 而在這個過程中，就有關於歲差的學術辯論成分。

中國對歲差的認知，直至明代，西方傳教士東來，湯若望及利馬竇等天文學家，將西方天文知識帶入中國，此後，中國的天文曆法起了巨大改變。

至清代頒布《時曆象考成新編》，就是按西洋天文學的測量及計算方法，重新確定二十八宿位置，故稱之為《時憲宿度》。

歲差的發現，是中國天文學史上的一件大事。虞喜對於歲差的研究的精確度，給了後人進行歲差研究相當高的比對價值。這個貢獻，在曆法編訂中體現為歲差值日趨精確。

其實，虞喜發現歲差，是和他在宇宙理論研究方面取得的突破性進展分不開的。他對漢代以來的蓋天說、渾天說、宣夜說進行分析比較，最後提出了自己的見解。

蓋天說把天比作斗笠，把地比作反蓋的盤子。

渾天說則認為，整個宇宙就像個雞蛋，大地就像是蛋中的黃；天和地都是由氣組成的，而且都是漂浮在水上。

在虞喜看來，宇宙是無邊無際的，卻也相對安定；天和地方圓之理；所有天體都有自己的運動週期，以自己的軌道運行，並不是附著在一個固定的球殼上。

這一認識，既否定了天圓地方的蓋天說，又批判了天球具有固體殼層的渾天說。

虞喜信仰主張宇宙無限的宣夜說，並予以繼承和發展，這在天文學史上，占據了重要的地位。

正是這些宇宙理論研究成果，使虞喜能夠站在一個新的歷史高度來看待天體運動，最後取得了發現歲差這一重要成就。

虞喜發現歲差並推算出每五十年差一度數值，雖然比古希臘的喜帕恰斯晚，卻比喜帕恰斯每一百年差一度的數值精確。而當時的歐洲，制曆家們還在墨守成規地沿用百年差一度的歲差數據。兩相比較，高下立現。

閱讀連結

虞喜博學好古、少年老成，年輕時就有很高聲望，受到人們讚揚。他歷經西晉數朝，一直為皇帝所看重。但他不願做官，只喜歡一心研究學問。

東晉皇帝晉明帝司馬紹時期，虞喜被徵召為博士，虞喜以生病為由推辭不赴任。後來，晉成帝司馬衍時，下詔用散騎常侍之職徵召，虞喜又未應命。

後來的幾任皇帝都召他做官，先後竟達九次，但虞喜皆不應，被世人稱為「大隱虞喜」。可見虞喜安貧樂道，一生唯做學問而已。

祖沖之測算回歸年與曆法

回歸年是指太陽在運行中的週年視運動，表現為從南至北，又從北至南的回歸性。在不同季節，每天正午仰視太陽在正南方位高度，會發現它是不一樣的。

在中國古代曆法中，回歸年長度值和朔望月長度值是否準確，直接決定了曆法的精度。因此古代天文曆法家十分重視對這兩個數值的測定，尤其是對回歸年長度值的精確測定，在這方面取得了突出成就。

祖沖之雕像

宋孝武帝（西元四三〇年～四六四年），文帝劉義隆第三子。南北朝時期宋朝的第五位皇帝，年號孝建、大明，謚號「孝武皇帝」，廟號世祖。他為人機警、勇敢、果斷、迅速，學問淵博，內臣外屬們，對他都十分畏懼，沒有一個人敢做事懈怠。

西元四六二年，祖沖之把精心編成的《大明曆》送給朝廷，請求宋孝武帝公佈實行。宋孝武帝命令懂得曆法的官員對這部曆法的優劣進行討論。

在討論過程中，祖沖之遭到了以戴法興為代表的守舊勢力的反對。戴法興是宋孝武帝的親信大臣，很有權勢。由於他帶頭反對新曆，朝廷大小官員也隨聲附和，大家不贊成改變曆法。

祖沖之為了堅持自己的正確主張，理直氣壯地同戴法興展開了一場關於新曆法優劣的激烈的辯論。

戴法興首先上書皇帝，從古書中抬出古聖先賢的招牌來壓制祖沖之。他說：「冬至時的太陽總在一定的位置上，這是古聖先賢測定的，是萬世不能改變的。」他還說：「祖沖之以為冬至點每年有稍微移動，是誣衊了天，違背了聖人的經典，是一種大逆不道的行為。」

戴法興又把當時通行的十九年七閏的曆法，也說是古聖先賢所制定，永遠不能更改。他甚至攻擊祖沖之是淺陋的凡夫俗子，沒有資格談改革曆法。

祖沖之對權貴勢力的攻擊絲毫沒有懼色。他寫了一篇有名的駁議。他根據古代的文獻記載和當時觀測太陽的記錄，證明冬至點是有變動的。他指出：事實十分明白，怎麼可以信古而疑今？

祖沖之又詳細地舉出多年來親自觀測冬至前後各天正午日影長短的變化，精確地推算出冬至的日期和時刻，從此說明十九年七閏是很不精密的。

他責問說：「舊的曆法不精確，難道還應當永遠用下去，永遠不許改革？誰要說《大明曆》不好，應當拿出確鑿的證據來。如果有證據，我願受過。」

當時戴法興指不出新曆法到底有哪些缺點，於是就爭論到日行快慢、日影長短、月行快慢等問題上去。祖沖之一項一項據理力爭，都駁倒了他。

在祖沖之理直氣壯的駁斥下，戴法興沒話可以答辯了，竟蠻不講理地說：「新曆法再好也不能用。」

祖沖之並沒有被戴法興這種蠻橫態度嚇倒，卻堅決地表示：「絕不應該盲目迷信古人。既然發現了舊曆法的缺點，又確定了新曆法有許多優點，就應當改用新的。」

在這場大辯論中，許多大臣被祖沖之精闢透徹的理論說服了，但是他們因為畏懼戴法興的權勢，不敢替祖沖之說話。

巢尚之魯郡人，就是現在的山東省曲阜市。元代嘉靖中期，成為始興王劉浚侍讀，他涉獵文史，深受劉浚的賞識。後來任東海國侍郎，兼中書通事舍人。他在祖沖之與戴法興的論戰中堅持真理，支持祖沖之，為祖沖之取得最後勝利造成了關鍵性作用。

最後，有一個叫巢尚之的大臣出來對祖沖之表示支持。他說：「《大明曆》是祖沖之多年研究的成果，根據《大明曆》來推算元嘉十三年、十四年、二十八年、大明三年的四次月食都很準確，用舊曆法推算的結果誤差就很大，《大明曆》既然由事實證明比較好，就應當採用。」

巢尚之所說的元嘉十三年、十四年、二十八年、大明三年，分別是西元四三六年、四三七年、四五一年和四五九年。

由於巢尚之言之鑿鑿，戴法興徹底啞口無言了，祖沖之取得了最後勝利。宋孝武帝決定在大明九年，即西元四六五年改行新曆。

誰知在新曆頒行之前孝武帝去世了，接著政局發生動盪，改歷這件事就被擱置起來。直至西元五一〇年，新曆才被正式採用，可是那時祖沖之已去世十年了。

《大明曆》測定的每一回歸年的天數，跟現代科學測定的相差只有五十秒；測定月亮環行一周的天數，跟現代科學測定的相差不到一秒。可見它的精確程度了。

測定回歸年的長度是曆法的基礎，它是直接決定曆法精粗的重要因素之一。因此，中國古代天文曆法家十分重視對回歸年長度值的精確測定，而祖沖之在這方面作出了突出貢獻。

回歸年在曆法中具有極其重要的特殊地位。任何一部曆法，都得拿出自己的回歸年數值，古人把它叫「歲實」。

歲實反映了太陽回歸運動週期，因此，只要測出太陽在回歸運動中連續兩次過某一天文點的準確時間，就可以推算出回歸年的長度來。換句話說，只要準確測出太陽到達某一地平高度的時間，就可以求出歲實來。

渾儀 中國古代天文學家用來測量天體坐標和兩天體間角距離的主要儀器。古人認為天是圓的，形狀像蛋殼，出現在天上的星星是鑲嵌在蛋殼上的彈丸，地球則是蛋黃，人們在這個蛋黃上測量日月星辰的位置。因此，把這種觀測天體位置的儀器叫做「渾儀」。

看來問題非常簡單：要推算出回歸年長度，只要用渾儀觀測每天中午時太陽的地平高度就可以了。

可是，在實際操作中，此路卻不通。日光耀目，使人不能直視，用直接觀測法去測量太陽地平高度，很難辦到。要測算回歸年長度，必須另闢蹊徑。古人選擇了用圭表測影的科學方法。

圭表是古代用來計時的工具。相傳從堯舜在春秋時期，中國已經利用圭表測影來計時了。

遠古時的人們，日出而作，日沒而息，從太陽每天有規律地東昇西落，直觀地感覺到了太陽與時間的關係，開始以太陽在天空中的位置來確定時間。但這很難精確。

據記載，三千多年前，西周丞相周公旦在河南登封縣設置過一種以測定日影長度來確定時間的儀器，稱為「圭表」。這當為世界上最早的計時器。

閱讀連結

圭表測時的精度是與表的長度成正比的。元代傑出的天文學家郭守敬在周公測時的地方設計並建造了一座測景台。

它由一座九點四六米高的高台和從台體北壁凹槽裡向北平鋪的長長建築組成，這個高台相當於堅固的表，平鋪台北地面的是「量天尺」即石圭。這個碩大「圭表」使測量精度大大提高。

以郭守敬的「量天尺」測時，一直使用至明清時期，現在南京紫金山天文台的一具圭表，是明代正統年間建造的。

推算出天干地支與曆法

天干地支，是古代人建曆法時，為了方便六十進位而設出的符號。對中國古人而言，這些符號被賦予了很多意義。

由干支記錄時間而產生的曆法，謂之干支曆法。干支歷是以六十干支紀年月日時的一種方法，是屬於中國所特有的曆法。

由於中國人民長期使用干支紀年方法，更加突出了干支的作用。

黃帝石刻

涿鹿之戰 指的是距今約四千六百餘年前，黃帝部族聯合炎帝部族，與東夷集團中的蚩尤部族在今河北省涿縣一帶所進行的一場大戰。「戰爭」的目的，是雙方為了爭奪適於牧放和淺耕的中原地帶。涿鹿之戰對於古代華夏族由野蠻時代向文明時代的轉變產生了重大的影響。

相傳在華夏人文始祖黃帝時期，九黎族部落首領蚩尤侵掠炎帝大片疆土，黃帝憂民之苦，遂與蚩尤展開「涿鹿之戰」。經過幾番苦戰，黃帝還是沒能治住蚩尤。

黃帝沐浴齋戒，築高壇祀天，建方丘敬地，以求天地相助，戰勝蚩尤，解除蒼生之苦。

黃帝的虔誠感動了上蒼和地祇，上蒼降下甲乙丙丁戊己庚辛壬癸十天干，地祇生出子丑寅卯辰巳午未申酉戌亥十二地支，給他用於排兵佈陣。

黃帝就將十天干圓布成天形，十二地支方布成地形，以干為天，支為地，組成天羅地網，終於戰勝了蚩尤。

後來，黃帝登基時，命史官大撓氏探察天地之氣機，探究金木水火土五行，用十天干和十二地支相互配合成六十甲子，將開國日定為甲子年、甲子月、甲子日、甲子時。同時，把天干地支引入曆法，作為紀曆的符號。這就是天干地支的由來。

大撓氏始作甲子，從此以後，天干地支在曆法中的運用就延續下來。大撓氏作甲子雖是傳說，但從殷商的帝王名字如天乙、外丙、仲壬、太甲等來看，干支的來歷必早於殷代，即在三千五百年之前便已出現了。

中國古代以天為「主」，以地為「從」。「天」和「干」互聯叫做「天干」；「地」和「支」互聯叫做「地支」，合起來就是「天干地支」。天干地支相當於樹幹和樹葉，它們是一個互相依存、互相配合的整體。

古人觀測朔望月，發現兩個朔望月約是五十九天的概念。十二個朔望月大體上是三百五十四天多，與後來的一個回歸年的長度相近似，古人因此就得到了一年有十二個月的概念。再搭配十天干日紀法，發展出現在的天干地支。它們都被賦予豐富的原始意義。

地只據民間傳說，地祇就是屬於地面上所有自然物的神化者，包涵土地神、社稷神、山岳、河海、五祀神，以及百物之神，人鬼就是歷史上的人死後神化的，包括先祖、先師、功臣，以及其他歷文人物。 根據歷史記載，歷代官府、民間都在不同季節、以不同方式進行禱告、祭祀活動。

在十天干中，甲，像草林破土而萌，陽在內而被陰包裹，有萬物衝破阻撓而出的含義；乙，象徵草木初生，枝葉柔軟屈曲伸長；丙，象徵太陽和火光，萬物皆炳然可見；丁，象徵草木成長壯實，好比人的成丁；戊，象徵大地草木茂盛；己，表示萬物仰屈而起，有形可紀；庚，意為秋收而待來春；辛，表示萬物肅然更改，秀實新成；王，象徵陽氣潛伏地中，萬物懷妊；癸，萬物閉藏，懷妊地下，以待萌芽。

在十二地支中，子，表示草木萌生的開始；丑，表示草木將要冒出地面；寅，表示寒土中屈曲的草木，迎著春陽從地面伸展；卯，日照東方，萬物滋茂；辰，萬物震起而生，陽氣生發已經過半；巳，萬物盛長而起，陰氣消盡，純陽無陰；午，萬物豐滿長大，陽起充盛，陰起開始萌生；未，果實成熟而有滋味；申，象徵物體都已長成；酉，萬物到這時開始收斂；戌，草木凋零，生氣滅絕；亥，陰氣劾殺萬物，到此已達極點。

從十天干和十二地支的含義來看，它們與中國古代曆法有著直接的關係。

作為以農業立國的國家，曆法的制定其首要目的就是指導農業生產，天干地支所包含的意義，正是一年四季萬物從生長到繁茂再到枯萎，然後又在枯萎中孕育著新的生長週期。這恰恰就是天干地支與曆法結合的出發點。

曆法中的天干地支除了用於顯示萬物生長週期，以指導農業生產外，還被古人用於計時。這其實也是天干地支的最初功能之一。

朔望月 又稱「太陰月」。古稱「朔策」。月球連續兩次合朔的時間間隔，即月相變化的週期。月球繞地球公轉相對於太陽的平均週期。為月相盈虧的週期。以從朔至下一次朔，或從望至下一次望的時間間隔為長度，現代推算為平均二十九點五三〇五九天。

用干支紀時的曆法稱為干支曆法，也稱為「甲子歷」或「甲子曆法」。分為干支紀年、干支紀月、干支紀日、干支紀時。它是中國使用歷史最悠久的一種曆法。

起先，我們祖先僅是用天干來紀日，因為每月天數是以日進位的；用地支來紀月，因為一年十個月，正好用十位地支來相配。可是隨之不久，人們感到單用天干紀日，每個月裡仍然會有三天同一干，所以，使用一個天干和一個地支分別依次搭配起來的辦法來紀日期。

比如《尚書·顧命》就有這樣的記載：四月初，王的身體很不舒服。甲子這一天，王才沐發洗臉，太僕為王穿上禮服，王依在玉幾上坐著。後來，這種干支紀日的辦法就被漸漸引進了紀年、紀月和紀時了。

干支紀年法是中國農曆用來計算年、月、日、時的方法，就是把每一個天干和地支按照一定的順序而不重複地搭配起來，用來作為紀年、紀月、紀日、紀時的代號。

把「天干」中的一個字擺在前面，後面配上「地支」中的一個字，這樣就構成一對干支。如果「天干」以「甲」字開始，「地支」以「子」字開始順序組合，就可以得到六十對干支。天干經六個循環，地支經五個循環正好是六十，就叫做「六十干支」。

按照這樣的順序，每年用一對干支表示，六十年一循環，叫做「六十花甲子」。這種紀年方法叫做「干支紀年法」，一直沿用至今。

關於干支紀月法，古代最初只有地支紀月法，規定每年各月固定用十二地支紀月，即把冬至所在的月定為「子月」，下一個月即為「丑月」，依此類推。

後來，這種方法發展為地支紀月配以天干組成六十甲子，從而發展為干支紀月法，以五年為一週，週而復始。據記載，中國至遲在漢代開始使用這種紀月方法。

干支紀月與農曆月份的換算的方法為：若遇甲或乙的年份，正月是丙寅；遇上乙或庚之年，正月為戊寅；丙或辛之年正月為庚寅，丁或壬之年正為為壬寅，戊或癸之年正月為甲寅，以此類推。

正月之干支知道了，其餘月可按六十甲子的順序推知。

干支紀日法始於西元前七二〇年二月十日。這是有確定的文獻記載的。

干支紀日法是將六十日大致合兩個月一個週期；一個週期完了重複使用，週而復始，循環下去。干支紀時法是六十時辰合五日一個週期；一個週期完了重複使用，週而復始，循環下去。

干支紀年、紀月、紀日以及紀時法是中國獨有的計算方式。

閱讀連結

關於天干地支的來歷，古籍中有很多相關記載。《山海經·大荒經》記載的神仙帝俊生有二十二子就是一例。

據傳說，遠古神仙帝俊與妻子羲和生了十個太陽，住在樹上，它們每天輪流值班。居上枝的就是值日的太陽，值一輪就是十天，即今天我們說的「一旬」。帝俊給這十個太陽取了十個名字，分別叫「甲乙丙丁戊己庚辛壬癸」，這就是十天干。

帝俊還有個妻子叫常儀，生了十二個月亮，帝俊叫他們「子丑寅卯辰巳午未申酉戌亥」，這就是地支。

把十二生肖應用於曆法

十二生肖，也被稱為「十二年獸」，是由十二種源於自然界的動物，即鼠、牛、虎、兔、蛇、馬、羊、猴、雞、狗、豬以及傳說中的龍所組成，用於紀年。

中國以十二生肖應用在曆法上，有十二隻年獸依次輪流當值，依次與十二地支相配，順序排列為子鼠、丑牛、寅虎、卯兔、辰龍、巳蛇、午馬、未羊、申猴、酉雞、戌狗、亥豬。

十二生肖銅像

據傳說，天地未開時，混沌一片。於是，十二隻動物為了繁衍生息，它們按照自己天生的習性，開天闢地，開始了各自的行動。

鼠咬天開 古語說道：「自混沌初分時，天開於子，地辟於丑，人生於寅，天地再交合，萬物盡皆生。」傳說天地之初，混沌未開。老鼠勇敢地把天咬開一個洞，太陽的光芒終於出現，陰陽就此分開，民間俗稱「鼠咬天開」。老鼠也成為開天闢地的英雄。

子夜時分，鼠出來活動，將天地間的混沌狀態咬出縫隙，「鼠咬天開」，所以子屬鼠。

開天之後，接著要闢地。於是，勤勞的牛開始耕田，成為闢地的動物，因此丑時屬牛。

寅時是人出生之時，有生必有死，置人於死地莫過於猛虎。寅又有敬畏之義，所以寅屬虎。

卯時為日出之象，象徵著火，內中所含之陰，就是月亮之精玉兔。這樣，卯便屬兔了。

辰時正值群龍行雨的時節，辰自然就屬了龍。

巳時春草茂盛，正是蛇的好日子，如魚兒得水一般。另外，巳時為上午，這時候蛇正歸洞。因此，巳屬蛇。

午是下午之時，陽氣達到極端，陰氣正在萌生。馬這種動物，馳騁奔跑，四蹄騰空，但又不時踏地。騰空為陽，踏地為陰，馬在陰陽之間躍進。所以，午成了馬的屬相。

未時是午後，是羊吃草最佳的時辰，容易上膘，此時為未時，故未屬羊。

申時是日近西山，猿猴啼叫的時辰，並且猴子喜歡在此時伸臂跳躍，故而猴配申。

酉為月亮出現之時，月亮裡邊藏著一點真陽。而雞屬於「發物」，就是它能夠把熱散出來，可以把火生發出來。因此，酉屬雞。

戌時為夜幕降臨，狗正是守夜的家畜，也就與之結為戌狗。

亥時，天地間又浸入混沌一片的狀態，如同果實包裹著果核那樣。而豬是只知道吃的混混沌沌的動物，故此豬成了亥的屬相。

上述傳說中十二生肖的選用與排列，是根據動物每天的活動時間確定的。中國從漢代開始，便採用十二地支記錄一天的十二個時辰，每個時辰相當於兩個小時。

我們知道，古人是根據太陽、地球、月亮自身及相互間的運動，最後才形成了年、月、日、時的概念。

而生肖作為一種記錄時間的符號系統，用十二種生肖動物形象地表示時間，可以紀年、紀月、紀日、紀時，後來成為了普遍被人們認同的生肖曆法。

生肖計時是古代天文曆法的一部分。中國曆法中的生肖，其實涉及干支、二十四節氣、四像二十八宿、陰陽八卦五行、黃道十二宮等諸多方面，包含著許多天文地理內容。

而其中的干支和二十四節氣，應該說與曆法的關係最大。

干支是天干地支的合稱，是中國古代記錄年、月、日、時的序數符號。干支與十二生肖關係密切，它比十二生肖更古老，是構成十二生肖的前提，並影響到十二生肖的形成。

所謂子鼠、丑牛、寅虎、卯兔、辰龍、巳蛇、午馬、未羊、申猴、酉雞、戌狗、亥豬，就是由十二地支與十二種動物對應配合而得。

以十天干為主幹，以十二地支為支脈，兩兩相配，以天干的單數配地支的單數，以天干的雙數配地支的雙數，天干在前，地支在後，不得顛倒相配，也不能天干之單數與地支之雙數相配，組合為「干支」符號。

當前一個干支數到最後一個符號「癸亥」時，再接著數後一個干支的頭一個符號「甲子」。以此類推，首尾相接，週而復始，循環無窮。干 支合用，在中國歷史上廣泛地用來紀年、紀月、紀日、紀時。

以生肖紀年。十二生肖與十二地支一一對應，即子鼠年、丑牛年、寅虎年、卯兔年、辰龍年、巳蛇年、午馬年、未羊年、申猴年、酉雞年、戌狗年、亥豬年。在一個甲子中，每種生肖動物出現五次。

以生肖紀月。一年分為十二個月，以虎月為歲首，正月為寅虎月，二月為卯兔十二生肖一猴月，三月為辰龍月，四月為巳蛇月，五月為午馬月，頭首六月為未羊月，七月為申猴月，八月為酉雞月，九月為戌狗月，十月為亥豬月，十一月為子鼠月，十二月為丑牛月。

以生肖紀日，是在干支紀日的基礎上發展變化的結果。干支紀日以六十日為一個週期，每種組合代表一天，即甲子日之後為乙丑日、丙寅日、丁卯日……直至癸亥日，又從甲子日開始循環。

彝族的生肖紀日以虎日為首，即虎日、兔日、龍日、蛇日、馬日、羊日、猴日、雞日、狗日、豬日、鼠日、牛日，以後以此類推。

以生肖紀時。農曆每天有十二個時辰，與十二地支一一對應，即子時、丑時、寅時、卯時、辰時、巳時、午時、未時、申時、酉時、戌時、亥時。每個時辰相當於現在的兩個小時。

用形象化的動物紀年、紀月、紀日、紀時，遠比干支紀時法簡便，也更易於流傳。時至今日，人們還保留著用屬相來表示年齡的習俗，生肖文化深深地根植在人們的生活之中。

歲首 一年開始的時候。一般指第一個月。或指一年的第一天。在夏商時代產生了夏曆，一年劃分為十二個月，每月以不見月亮的那天為「朔」，正月朔日的子時稱為「歲首」，一年的開始，也叫「年」。年的名稱是從周朝開始的，至了西漢才正式固定下來，一直延續至今天。

十二生肖可以紀月，而二十四節氣是適應農時的需要而產生的，也可以紀月，但分得更細，如立春、雨水、驚蟄等，而且每個節氣都有特定的意義，說明日地關係、氣候條件和萬物的變化。

有些節氣反映了太陽與地球間相對角度的變化，有些節氣反映了雨雪霜露等氣候條件的變化，有些節氣反映了植物生長、動物活動等物候條件的變化。

在中國古代，二十四節氣所反映的是黃河流域的農事和氣候狀況。氣候變化不僅與植物的生長有關，也與動物的生長、發育和活動情況密切相關。

玉兔傳說中的是月宮裡的兔子。關於玉兔的傳說有不同種，但大多都與嫦娥相關。因嫦娥奔月後，觸犯玉帝的旨意，於是將嫦娥變成玉兔，每至月圓時，就要在月宮裡為天神搗藥以示懲罰。此外，玉兔又指月亮，如「玉兔東昇」。

因此，二十四節氣既對人的活動和生長有很大影響，也對鼠、牛、虎、兔、龍、蛇、馬、羊、猴、雞、狗、豬這十二生肖動物的活動有很大影響。

一年有二十四個節氣，一個月內一般有一節一氣。每兩節氣相距時間平均約為三十又十分之四天，而農曆每月的日數為二十九天半，所以約每三十四個月，必然出現有兩月僅有節而無氣、及有氣而無節的情況。

有節無氣的月份就是農曆的閏月，有氣無節的月份不是閏月。從生肖紀月的角度來看，每個生肖月一首般對應兩個節氣。十二生肖與二十四節氣相配，就形成了這樣一組對應關係：

正月寅虎對立春和雨水；二月卯兔對驚蟄和春分；三月辰龍對清明和穀雨；四月巳蛇對立夏和小滿；五月午馬對芒種和夏至；六月未羊對小暑和大暑；七月申猴對立秋和處暑；八月酉雞對白露和秋分；九月戌狗對寒露和霜降；十月亥豬對立冬和小雪；十一月子鼠對大雪和冬至；十二月丑牛對小寒和大寒。

至於選擇了十二種動物作為代替十二地支的符號，又源於古人的動物崇拜心理。

閱讀連結

相傳有一天，玉帝準備選出十二個動物做屬相看守十二地支，於是發佈通告要求動物們第二天早晨去泰山報名。

這個重大的消息很快就被貓知道了，可是由於貓一向好吃懶做，於是就央求自己的好朋友老鼠幫他去報名。

玉帝問老鼠有什麼本領，老鼠靈機一動，一下鑽進了玉帝的袖子裡。玉帝以為老鼠會隱身術，便讓老鼠做了第一名。後來，貓知道老鼠沒有幫他報名，大發雷霆，發誓把老鼠當仇敵。從此，貓一見到老鼠都要撲過去咬它。

獨創二十四節氣與曆法

農曆二十四節氣，是自立春至大寒共二十四個節氣，以表徵一年中季節、氣候等與農業生產的關係。它是中國古人的獨創。

農曆二十四節氣作為一部完整的農業氣候曆，綜合了天文、氣象及農作物生長特點等多方面知識，比較準確地反映了一年中的自然力特徵，所以至今仍然在農業生產中使用，受到廣大農民的喜愛。

春牛圖

自古以來，立春時皇朝與民間都有很多祭祀、慶賀活動，除大家熟知的啃蘿蔔、吃春餅外，還有打春牛。「打春牛」的民俗盛行於各地。

立春日前一天，先把用泥土塑造的土牛放在縣城東門外，其旁要立一個攜帶農具揮鞭的假人作「耕夫」，以示春令已到來，農事宜提前準備。

立春日當天，官府要奉上供品於芒神、土牛前，於正午時舉行隆重的「打牛」儀式。吏民擊鼓，官員執紅綠鞭或柳枝鞭打土牛三下，然後交給下屬及農民輪流鞭打。

打春牛頭象徵吉祥，打春牛腰象徵五穀豐登，打春牛尾象徵四季平安。無論鞭打春牛的哪個位置，都象徵著驅寒和春耕的開始，把土牛打得越碎越好。

芒神 即句芒，或名句龍，少昊的後代，名重，為伏羲臣。他是中國古代神話中的春神，主管樹木的發芽生長，太陽每天早上從扶桑上升起，神樹扶桑歸句芒管，太陽升起的那片地方也歸句芒管。句芒在古代非常重要，每年的春祭都有份。後世稱其為「耕牧之神」。

隨後，人們要搶土牛的土塊，帶回家放入牲圈，象徵興旺。當天如天晴則預示著豐收，若遇雨則預示年景不佳。

另外，至今有些農村仍延續著古老的習俗，即由一個人手敲小鑼鼓，唱迎春的讚詞，挨家挨戶送上一張紅色春牛圖，圖上印有二十四節氣和一個人手牽著牛在耕地，人們稱其為「春帖子」。

立春是二十四節氣的第一個節氣。上述這個習俗說明，立春在中國農耕文化中佔有重要地位。

二十四節氣是中國古代訂立的一種用來指導農事的補充曆法，是在春秋戰國時期形成的。

二十四節氣起源於黃河流域。為了充分反映季節氣候的變化，古代天文學家早在周代和春秋時期就用「土圭」測日影來確定春分、夏至、秋分、冬至，並根據一年內太陽在黃道上的位置變化和引起的地面氣候的演變次序，將全年平分為二十四等份，並給每個等份起名，這就是二十四節氣的由來。

黃道 地球繞太陽公轉的軌道平面與天球相交的大圓。由於地球的公轉運動受到其他行星和月球等天體的引力作用，黃道面在空間的位置產生不規則的連續變化。但在變化過程中，瞬時軌道平面總是透過太陽中心。黃道和天赤道成二三點二六度的角，相交於春分點和秋分點。

西漢時期淮南王劉安著的《淮南子》一書裡就有完整的二十四節氣記載了。由西漢民間天文學家落下閎組織編制的《太初曆》，正式把二十四節氣定於曆法，明確了二十四節氣的天文位置。

二十四節氣是一直深受農民重視的「農業氣候歷」，自從西漢時期起，二十四節氣歷代沿用，指導農業生產不違農時，按節氣安排農活，進行播種、田間管理和收穫等農事活動。

由於中國農曆是根據太陽和月亮的運行制訂的，因此不能完全反映太陽運行週期。中國是一個農業社會，農業需要嚴格瞭解太陽運行情況，農事完全根據太陽進行，所以在曆法中又加入了單獨反映太陽運行週期的「二十四節氣」，用作確定閏月的標準。

二十四節氣是根據太陽在黃道上的位置來劃分的。它按天文、氣候和農業生產的季節性賦予有特徵意義的名稱，即：立春、雨水、驚蟄、春分、清明、穀雨、立夏、小滿、芒種、夏至、小暑、大暑、立秋、處暑、白露、秋分、寒露、霜降、立冬、小雪、大雪、冬至、小寒、大寒。

立春是二十四節氣中的第一個節氣，是春季開始的代表。每年農曆二月四日或五日，太陽到達黃經三百一十五度時為立春。自秦代以來，中國就一直以立春作為春季的開始。

立春又叫「打春」，就是冬至數九後的第六個「九」開始，所以有「春打六九頭」之說，農諺更有「寧捨一錠金，不捨一年春」、「一年之計在於春」的說法。時至立春，人們會明顯感覺到白天變長了，太陽也暖和多了，氣溫、日照、降水開始趨於上升。

中國古代將立春分為三候：「一候東風解凍；二候蟄蟲始振；三候魚陟負冰。」

說的是東風送暖，大地開始解凍。立春五日後，蟄居的蟲類慢慢在洞中甦醒，再過五日，河裡的冰開始融化，魚開始到水面上游動，此時水面上還有沒完全融解的碎冰片，如同被魚負著冰一般浮在水面。

黃經 黃道坐標系經向坐標，過天球上一點黃經圈與過二分點黃經圈所交球面角。指太陽經度或天球經度，是在黃道坐標系統中用來確定天體在天球上位置一個坐標值，在這個系統中，天球被黃道平面分割為南北兩個半球，太陽移至黃經三百一十五度時為立春。

雨水是二十四節氣中的第二個節氣。每年二月十九日或二十日視太陽到達黃經三百三十度時為雨水。

雨水時節，大氣環流處於調整階段，全國各地氣候特點，總的趨勢由冬末的寒冷向初春的溫暖過渡。

中國古代將雨水分為三候：「一候獺祭魚；二候鴻雁來；三候草木萌動。」

此節氣，水獺開始捕魚了，將魚擺在岸邊如同先祭後食的樣子；五天過後，大雁開始從南方飛回北方；再過五天，在「潤物細無聲」的春雨中，草木隨地中陽氣的上騰而開始抽出嫩芽。從此，大地漸漸開始呈現出一派欣欣向榮的景象。

驚蟄的時間在每年三月五日或六日，太陽位置到達黃經三百四十五度。

驚蟄時節，氣溫回升較快，長江流域大部地區已漸有春雷。中國南方大部分地區，常年雨水、驚蟄也可聞春雷初鳴；而華北西北部除了個別年份以外，一般要到清明才有雷聲，為中國南方大部分地區雷暴開始最晚的地區。

中國古代將驚蟄分為三候：「一候桃始華；二候鶬鶊鳴；三候鷹化為鳩。」

描述已是進入仲春，桃花紅、梨花白，黃鶯鳴叫、燕飛來的時節。按照一般氣候規律，驚蟄前後各地天氣已開始轉暖，雨水漸多，大部分地區都已進入了春耕。

春分在古時又稱為日中、日夜分，是反映四季變化的節氣之一。在每年的三月二十日或二十一日，太陽到達黃經零度時為春分。

春分節氣，東亞大槽明顯減弱，西風帶槽脊活動明顯增多，內蒙古至東北地區常有低壓活動和氣旋發展，低壓移動引導冷空氣南下，北方地區多大風和揚沙天氣。當長波槽東移，受冷暖氣團交匯影響，會出現連續陰雨和倒春寒天氣。

中國古代將春分分為三候:「一候元鳥至;二候雷乃發聲;三候始電。」

便是說春分日後，燕子便從南方飛來了，下雨時天空便要打雷並發出閃電。清明是二十四節氣中第五個節氣，在每年的四月四日或五日，太陽到達黃經十五度時為清明。

清明時節，除東北與西北地區外，中國大部分地區的日平均氣溫已升到十二度以上，大江南北直至長城內外，到處是一片繁忙的春耕景象。

中國古代將清明分為三候：「一候桐始華；二候田鼠化為鵪；三候虹始見。」

意即在這個時節先是白桐花開放，接著喜陰的田鼠不見了，全回到了地下的洞中，然後是雨後的天空可以見到彩虹了。

穀雨是二十四節氣中的第六個節氣。每年四月二十日或二十一日視太陽到達黃經三十度為穀雨。

穀雨節氣後降雨增多，雨生百谷。雨量充足而及時，穀類作物能茁壯成長。穀雨時節的南方地區，「楊花落盡子規啼」，柳絮飛落，杜鵑夜啼，牡丹吐蕊，櫻桃紅熟，自然景物昭示人們:時至暮春了。

古人將穀雨分三候：「一候萍始生；二候鳴鳩拂其羽；三候戴勝降於桑。」

意為浮萍開始生長，鳩鳥拂翅鳴叫，戴勝鳥飛落在桑樹上。

立夏是二十四節氣中的第七個節氣。每年的五月五日或六日，視太陽到達黃經四十五度時為立夏。

立夏以後，江南正式進入雨季，雨量和雨日均明顯增多，連綿的陰雨不僅導致作物的濕害。華北、西北等地氣溫回升很快，但降水仍然不多，加上春季多風，蒸發強烈，大氣乾燥，土壤乾旱常嚴重。

中國古代將立夏分為三候：「一候螻蛄鳴；二候蚯蚓出；三候王瓜生。」

是說這一節氣中首先可聽到蝲蝲蛄在田間的鳴叫聲，接著大地上便可看到蚯蚓掘土，然後王瓜的蔓藤開始快速攀爬生長。

小滿是二十四節氣的第八個節氣。每年五月二十一日或二十二日視太陽到達黃經六十度時為小滿。

這時全國北方地區麥類等夏熟作物籽粒已開始飽滿，但還沒有成熟，約相當乳熟後期，所以叫「小滿」。

南方地區把「滿」用來形容雨水的盈缺，指出小滿時田裡如果蓄不滿水，就可能造成田坎乾裂，甚至芒種時也無法栽插水稻。因為小滿正是適宜水稻栽插的季節。

中國古代將小滿分為三候：「一候苦菜秀；二候靡草死；三候麥秋至。」

是說小滿節氣中，苦菜已經枝葉繁茂，可以採食了，接著是喜陰的一些細軟的草類在強烈的陽光下開始枯死，然後麥子開始成熟，可以收割了。

芒種是二十四節氣中的第九個節氣。每年六月五日前後太陽到達黃經七十五度時開始。

芒種是反映物候的節令。人們常說「三夏」大忙季節，即指忙於夏收、夏種和春播作物的夏管。芒種以後，中國長江中下游地區即將進入梅雨期。

古代將芒種分為三候：「一候螳螂生；二候鵙始鳴；三候反舌無聲」。

梅雨期 「梅雨」在古代稱為「黃梅雨」。初夏時節，中國長江中下游至日本南部一帶，經常出現一段持續較長時間的陰沉多雨天氣。時值江南梅子成熟，故稱「梅雨」或「黃梅雨」。又因此時溫度高、濕度大、風速小、光照奇缺，器物易發霉，所以又稱「霉雨」。

在這一節氣中，螳螂在去年深秋產的卵因感受到陰氣初生而破殼生出小螳螂；喜陰的伯勞鳥開始在枝頭出現，並且感陰而鳴；與此相反，能夠學習其他鳥鳴叫的反舌鳥，卻因感應到了陰氣的出現而停止了鳴叫。飛燕圖夏至是二十四節氣中的第十個節氣。每年六月二十一日前後太陽到達黃經九十度時開始。

夏至這天太陽的高度最長，陽光幾乎直射北迴歸線，北半球白天最長，黑夜最短；過了夏至日，陽光直射位置逐漸向南移動，白天開始一天比一天縮短。

中國古代將夏至分為三候：「一候鹿角解；二候蟬始鳴；三候半夏生。」

麋與鹿雖屬同科，但古人認為，二者一屬陰一屬陽。鹿的角朝前生，所以屬陽。夏至日陰氣生而陽氣始衰，所以陽性的鹿角便開始脫落。而麋因屬陰，所以在冬至日角才脫落。雄性的知了在夏至後因感陰氣之生便鼓翼而鳴。

半夏是一種喜陰的藥草，因在仲夏的沼澤地或水田中出生所以得名。由此可見，在炎熱的仲夏，一些喜陰的生物開始出現，而陽性的生物卻開始衰退了。

小暑是二十四個節氣中的第十一個節氣。太陽黃經為一百〇五度。

回歸線 指地球上南、北緯二十三點二六度的兩條經緯圈。

北緯二十三點二六度稱「北迴歸線」，是陽光在地球上直射的最北界線。

南緯二十三點二六度稱「南迴歸線」，是陽光在地球上直射的最南界線。

回歸線，是太陽每年在地球上直射來回移動的分界線。

「暑」是炎熱的意思。小暑是反映夏天暑熱程度的節氣，表示天氣已經很熱，但不到最熱的時候，故名。這時，暑氣上升氣候炎熱，但還沒熱到極點。

中國古代將小暑分為三候：「一候溫風至；二候蟋蟀居宇；三候鷹始鷙。」

小暑時節大地上便不再有一絲涼風，而是所有的風中都帶著熱浪；由於炎熱，蟋蟀離開了田野，到庭院的牆角下以避暑熱；在這一節氣中，老鷹因地面氣溫太高而在清涼的高空中活動。

大暑是第十二個節氣，也是最熱的時期。在每年的七月二十三日或二十四日，太陽到達黃經一百二十度。

在炎熱少雨的季節，滴雨似黃金。蘇、浙一帶有「小暑雨如銀，大暑雨如金」、「伏裡多雨，囤裡多米」、「伏天雨豐，糧豐棉豐」、「伏不受旱，一畝增一擔」的民間諺語。如大暑前後出現陰雨，則預示以後雨水多。

中國古代將大暑分為三候：「一候腐草為螢；二候土潤溽暑；三候大雨時行。」

世上螢火蟲約有兩千多種，分水生與陸生兩種，陸生的螢火蟲產卵於枯草上。大暑時，螢火蟲卵化而出，所以古人認為螢火蟲是腐草變成的；第二候是說天氣開始變得悶熱，土地也很潮濕；第三候是說時常有大的雷雨會出現，這大雨使暑濕減弱，天氣開始向立秋過渡。

立秋是二十四節氣中的第十三個節氣。每年八月七日或八日太陽到達黃經一百三十五度時為立秋。

在中國古代，人們認為如果聽到雷聲，冬季時農作物就會歉收；如果立秋日天氣晴朗，必定可以風調雨順地過日子，農事不會有旱澇之憂，可以坐等豐收。

此外，還有「七月秋樣樣收，六月秋樣樣丟」、「秋前北風秋後雨，秋後北風乾河底」的說法。

也就是說，農曆七月立秋，五穀可望豐收，如果立秋日在農曆六月，則五穀不熟還必致歉收；立秋前颳起北風，立秋後必會下雨，如果立秋後刮北風，則當年冬天可能會發生乾旱。

中國古代將立秋分為三候：「一候涼風至；二候白露生；三候寒蟬鳴。」

是說立秋過後，颳風時人們會感覺涼爽，此時的風已不同於暑天中的熱風；大地上早晨會有霧氣產生；秋天感陰而鳴的寒蟬也開始鳴叫。

處暑是二十四節氣中的第十四個節氣。每年八月二十三日或二十四日視太陽到達黃經一百五十度時為處暑。

處暑之後，暑氣雖然逐漸消退，但是，還會有熱天氣。所以有「秋老虎，毒如虎」的說法。之後，氣溫將逐漸下降。

中國古代將處暑分為三候：「一候鷹乃祭鳥；二候天地始肅；三候禾乃登。」

此節氣中老鷹開始大量捕獵鳥類；天地間萬物開始凋零；「禾乃登」的「禾」指的是黍、稷、稻、粱類農作物的總稱，「登」即成熟的意思。

白露是二十四節氣中的第十五個節氣。每年九月七日或八日太陽到達黃經一百六十五度時為白露。

這一時節冷空氣日趨活躍，常出現秋季低溫天氣，影響晚稻抽穗揚花，因此要預防低溫冷害和病蟲害。低溫來時，晴天可灌淺水；陰雨天則要灌厚水；一般天氣乾乾濕濕，以濕為主。

中國古代將白露分為三候：「一候鴻雁來；二候玄鳥歸；三候群鳥養羞。」

說此節氣正是鴻雁與燕子等候鳥南飛避寒，百鳥開始貯存乾果糧食以備過冬。可見白露實際上是天氣轉涼的象徵。

秋分是二十四節氣中的第十六個節氣。每年九月二十三日或二十四日視太陽到達黃經一百八十度時為秋分。

秋分以後，氣溫逐漸降低，所以有「白露秋分夜，一夜冷一夜」和「一場秋雨一場寒」的說法。秋季降溫快的特點，使得秋收、秋耕、秋種的「三秋」大忙顯得特別緊張。

中國古代將秋分分為三候：「一候雷始收聲；二候蟄蟲坯戶；三候水始涸。」

古人認為雷是因為陽氣盛而發聲，秋分後陰氣開始旺盛，所以不再打雷了。

寒露是二十四節氣中的第十七個節氣。每年十月八日或九日視太陽到達黃經一百九十五度時為寒露。

此時正值晚稻抽穗灌漿期，要繼續加強田間管理，做到淺水勤灌，乾乾濕濕，以濕為主，切忌後期斷水過早。

中國古代將寒露分為三候：「一候鴻雁來賓；二候雀入大水為蛤；三候菊有黃華。」

此節氣中鴻雁排成「一」字或「人」字形的隊列大舉南遷；深秋天寒，雀鳥都不見了，古人看到海邊突然出現很多蛤蜊，並且貝殼的條紋及顏色與雀鳥很相似，所以便以為是雀鳥變成的；第三候的「菊始黃華」是說在此時菊花已普遍開放。

霜降是二十四節氣中的第十八個節氣。每年十月二十三日或二十四日視太陽到達黃經兩百一十度時為霜降。

此時氣溫達到零度以下，空氣中的水氣在地面凝結成白色結晶，稱為「霜」。霜降是指初霜。植物將停止生長，呈現一片深秋景象。

古代將霜降分為三候：「一候豺乃祭獸；二候草木黃落；三候蟄蟲咸俯。」

意思是說，豺這類動物從霜降開始要為過冬儲備食物；草木枯黃，落葉滿地；準備冬眠的動物開始藏在洞穴中過冬了。

立冬是冬季的第一節氣，在每年的十一月七日或八日，太陽到達黃經兩百二十五度。

立冬之時，陽氣潛藏，陰氣盛極，草木凋零，蟄蟲伏藏，萬物活動趨向休止，以冬眠狀態，養精蓄銳，為來春生機勃發作準備。

中國古代將立冬分為 三候：「一候水始冰；二候地始凍；三候雉人大水為蜃。」

此節氣水已經能結成冰；土地也開始凍結；三候「雉人大水為蜃」中的雉即指野雞一類的大鳥，蜃為大蛤，立冬後，野雞一類的大鳥便不多見了，而海邊卻可以看到外殼與野雞的線條及顏色相似的大蛤。所以古人認為雉到立冬後便變成大蛤了。

小雪為第二十個節氣，在每年十一月二十二日或二十三日，太陽位置到達黃經兩百四十度。

在小雪節氣初，東北土壤凍結深度已達十釐米，往後差不多一晝夜平均多凍結一釐米，至節氣末便凍結了一米多。所以俗話說「小雪地封嚴」，之後大小江河陸續封凍。

農諺道：「小雪雪滿天，來年必豐年。」這裡有三層意思，一是小雪落雪，來年雨水均勻，無大旱澇；二是下雪可凍死一些病菌和害蟲，明年減輕病蟲害的發生；三是積雪有保暖作用，利於土壤的有機物分解，增強土壤肥力。

中國古代將小雪分為三候：「一候虹藏不見；二候天氣上升；三候閉塞而成冬。」

古人認為天虹出現是因為天地間陰陽之氣交泰之故，而此時陰氣旺盛陽氣隱伏，天地不交，所以「虹藏不見」；「天氣上升」是說天空中的陽氣上升，地中的陰氣下降，陰陽不交，萬物失去生機；由於天氣的寒冷，萬物的氣息飄移和游離幾乎停止，所以，三候說「閉塞而成冬」。

大雪在每年十二月七日前後，太陽位置到達黃經兩百五十五度時。

大雪時節，除華南和雲南南部無冬區外，中國大部分地區已進入冬季，東北、西北地區平均氣溫已達零下十度以下，黃河流域和華北地區氣溫也穩定在零度以下。

此時，黃河流域一帶已漸有積雪，而在更北的地方，則已大雪紛飛了。但在南方，特別是廣州及珠三角一帶，卻依然草木蔥蘢，乾燥的感覺還是很明顯，與北方的氣候相差很大。

中國古代將大雪分為三候：「一候鶡鴠不鳴；二候虎始交；三候荔挺出。」

這是說此時因天氣寒冷，寒號鳥也不再鳴叫了。由於此時是陰氣最盛時期，正所謂盛極而衰，陽氣已有所萌動，所以老虎開始有求偶行為。三候的「荔挺出」的「荔挺」為蘭草的一種，也可簡稱為「荔」，也是由於感到陽氣的萌動而抽出新芽。

冬至是每年十二月二十二日前後，太陽位置到達黃經兩百七十度時。

冬至過後，至「三九」前後，土壤深層的所積儲的熱量已經慢慢消耗殆盡，儘管地表獲得太陽的光和熱有所增加，但仍入不敷出，此時冷空氣活動最為頻繁，所以「冷在三九」。

中國古代將冬至分為三候：「一候蚯蚓結；二候麋角解；三候水泉動。」傳說蚯蚓是陰曲陽伸的生物，此時陽氣雖已生長，但陰氣仍然十分強盛，土中的蚯蚓仍然蜷縮著身體；古人認為麋的角朝後生，所以為陰，而冬至一陽生，麋感陰氣漸退而解角；由於陽氣初生，所以此時山中的泉水可以流動並且溫熱。

小寒是每年一月五日或六日，太陽位置到達黃經兩百八十五度時。

民間有句諺語：「小寒大寒，冷成冰團。」小寒表示寒冷的程度，從字面上理解，大寒冷於小寒，但在氣象記錄中，許多地方小寒卻比大寒冷，可以說是全年二十四節氣中最冷的節氣。

中國古代將小寒分為三候：「一候雁北鄉；二候鵲始巢；三候雉始鴝。」第三候「雉鴝」的「鴝」為鳴叫的意思，雉在接近四九時會感陽氣的生長而鳴叫。

大寒是冬季最後一個節氣，也是一年中最後一個節氣，每年一月二十或二十一日，太陽到達黃經三百度時。

這時是許多地方一年中的最冷時期，風大，低溫，地面積雪不化，呈現出冰天雪地、天寒地凍的嚴寒景象。

中國古代將大寒分為三候：「一候雞乳；二候征鳥厲疾；三候水澤腹堅。」這就是說到大寒節氣可以孵小雞了；而鷹隼之類的征鳥，正處於捕食能力極強的狀態，到處尋找食物，以補充能量抵禦嚴寒；水域中的冰一直凍到水中央，而且最結實、最厚。

中國自古以來，就是個農業非常發達的國家，由於農業和氣象之間的密切關係，所以古代農民從長期的農業勞動實踐中，累積了有關農時與季節變化關係的豐富經驗。

為了記憶方便，古人把二十四節氣名稱的一個字，用字連接起來編成歌訣：

春雨驚春清谷天，夏滿芒夏暑相連；

秋處露秋寒霜降，冬雪雪冬小大寒；

上半年來六廿一，下半年來八廿三；

每月兩節日期定，最多不差一兩天。

二十四節氣歌訣讀起來朗朗上口，便於記憶，反映了中國古代勞動人民的智慧。

閱讀連結

西安鐘鼓樓的鐘樓建於明代，樓上原懸大鐘一口，作為擊鐘報時用。鼓樓裡有一個更加有歷史感的東西，那就是二十四節氣鼓。制定二十四節氣，反映了中國古代勞動人民的智慧，它們被製成了一面面威風鼓，打起鼓來，不禁讓人感嘆。

這二十四面鼓，鼓面上用漂亮的字體撰寫出的二十四節氣名字，一一對著二十四節氣。每當鼓被敲醒時，必會雷聲大作，轟轟作響，聲傳百里。並且，按照不同的節氣，這些鼓還有各自不同的鼓點韻味，非常有特色。

時間計量——計時制度

中國古代勞動人民為了適應生活和生產的需要，根據晝夜的交替，逐步形成各種計時方法和計時制度。中國古代計時制度大致有四種：分段計時之制、漏刻之制、十二時辰之制和更點計時制度。古代不一定具備嚴格的時間意義，但是常見又常用的有關名稱也不少。

在計時發展過程中，中國古代形成的完整的計時方法和計時制度，減少了對自然條件的依賴，是古人在探索時間計量方式上取得的進步，也是中華民族在人類天文曆法領域作出的傑出貢獻。

逐步完善分段計時之制

中國古代的分段計時之制，是古老的沿用歷史最悠久的古代計時法，是於日月運行以及人類的生活習俗和生產活動規律的劃分時段的計時法。

秦漢之際流行十六時制，各時段基本恆定，而兩漢更從十六時制細分出前後不同的小時間單位，計時精細到分級。這些均說明了分段計時制在中國古代歷史沿用中，是有著調整充實、變革更新而使之適應時代發展的積極機制的。

水運渾象台

據傳說，冥莢是一種奇妙的植物，它每天長一片葉子，至月半共長十五片葉子，以後每天掉一片葉子，至月底正好掉完。

東漢時期傑出的科學家張衡，就是受到冥莢準時落葉的啟示，發明了「瑞輪冥莢」這一巧妙儀器。「瑞輪冥莢」是張衡水運渾象上的機械日曆。

張衡依照冥莢落葉現象進行構思，用機械的方法使得在一個槓桿上每天轉出一片葉子來，月半之後每天再落下一片葉子來，這上的符號樣不僅可以知道月相，還有計時的功能。

張衡創製的「瑞輪冥莢」的計時功能，只是中國古代計時歷史長河中的一朵浪花。中國計時歷史源遠流長，在此過程中有許許多多的發明創建，秦漢之際的十六時分段計時制度就是其中之一。

分段計時之制，早期主要基於太陽的週日視運動與地面上的投影變化，有其不穩定性的因素。殷商時期不均勻的分段計時制度，即是那一時代的產物。

大汶口文化 是新石器時代後期父系氏族社會的典型文化形態。中心地區在泰山。大汶口文化的發現，使黃河下游原始文化的歷史，由四千多年前的龍山文化向前推進了兩千多年。墓葬中出現了夫妻合葬和夫妻帶小孩的合葬，代表著開始或已經進入了父系氏族社會。

分段計時之制起自何時不詳。早在大汶口文化時期的陶文上，已有「旦」、「炅」兩字，似乎與計時相關。至殷代逐步形了一套不均勻的分段計時制度，殷武丁時，一天分為十三時段，白天九段，夜間四段；後來又將一天分為十六時段，白天九段，夜間七段。

殷代晚期，形成了一天分為十六時段，這是分段計時制的基本格局，但各時段之間尚未達到等間距。至春秋戰國時期，已進入比較均勻的分段計時的階段。

秦漢時期，是中國古代分段計時之制的鼎盛期，形式為十六時制，計時精密，時間恆定，間距均勻，無論內地還是邊陲地區，時稱基本一致，沿用年代也較長。

秦代時期通行十六時制。在甘肅天水放馬灘出土的秦簡甲種《日書》有具體時稱記載，其中有「日昳」及「夜中」兩個時段前後的計時比較細化，而「平旦」至「日中」的上午計時幾與雲夢秦簡十六分段計時制的相關時稱一致，顯示了當時計時的地區性差異。

在秦代通行十六時制的同時，還有少數曆法家，或以十二辰計時，或以十四辰計時等。

放馬灘秦簡 甘肅省天水市出土的戰國晚期秦國竹簡。放馬灘又名「牧馬灘」，地處秦嶺山脈中部，屬天水市。以其時代早、保存完整於一九九四年被中國訂為國家一級文物，並引起了考古學家、歷史學家關注。秦簡由於距今年代久遠，難得發現。

比如以十二辰計時，西漢時期馬王堆帛書隸書本《陰陽五行》中，有平旦、日出、食時、莫食、東中、西中、日失、下失、下餔、舂日、日入、定昏十二個時稱。

再如以十四辰計時，司馬遷《史記》中有關西漢初期的計時材料，經過專家的整理，有乘明、旦、日 出、蚤食、食時、日中、日昳、晡時、下餔、日入、昏、暮食、夜半、雞鳴十四個時稱。

馬王堆《陰陽五行》缺夜間的計時，《史記》的時稱也不完全。但這兩種材料與秦簡的計時材料基本相合，可以互相補充和校正。

由秦簡、馬王堆《陰陽五行》、《史記》三種計時材料看，秦漢時期的分段計時制的時稱使用情況是比較隨便的，一個時段可能會有幾種稱法，當時雖然普遍實行十六時制，但時稱未必完全統一化。

雲夢秦簡 又稱「睡虎地秦墓竹簡」、「睡虎地秦簡」，是指一九七五年十二月在湖北省雲夢縣睡虎地秦墓中出土的大量竹簡。其內容主要是秦代時的法律制度、行政文書、醫學著作以及關於吉凶時日的占書，為研究秦代歷史提供了詳實的資料，具有十分重要的學術價值。

專家根據上述三種材料，歸納出來秦漢時期十六時制的時稱：清旦、日出、食時、莫食、東中、日中、西中、日昳、餔時、下市、舂日、日入、黃昏、人定、帛書殘片夜半、雞鳴這十六時。

清旦，即清晨，天亮到太陽剛出來不久的一段時間。春秋之際通常指早上五至六時這段時間。

日出，日面剛從地平線出現的一剎那，而非整個日面離開地平線。

食時，正食的時候，大約八時前後，古人認為這是吃早飯時間。也就是日出至午前的一段時間。

莫食，相當於巳時，就是九時至十一時。

東中，大致相當於十一時稍後的短暫時間。

日中，日正中天，相當於白天十二時前後。這時候太陽最猛烈，這時陽氣達到極限，隨之陰氣將會產生。

西中，大致相當於十三時稍後的短暫時間。

日昳，太陽偏西為日跌。相當於「西中」稍後的短暫時間。

餔時，接近傍晚，在十六時前後。下市，大致相當於十七時稍後的短暫時間。

舂日，相當於「下市」稍後的短暫時間。

日入，約指申時和酉時。

黃昏，指日落以後到天還沒有完全黑的這段時間。

人定，相當於二十一時至二十三時。夜半，相當於夜裡零時前後。

雞鳴，天明之前的一段時間

需要指出的是，對於時段往往有不同的稱謂，對於同一時段名，所指時辰也有不同看法。

王冰（西元七一〇年～八〇四年），唐代醫學家，曾任唐代太僕令。他著成《重廣補註黃帝內經素問》二十四卷，八十一篇，為整理保存古醫籍作出了突出的貢獻。後人的《素問》研究多是在王冰研究的基礎上進行的。

秦漢時期的十六時其確切時間不是很清楚，這是因為當時的科技條件和人們的認識水平所致。這也反映出了中國古代計時發展在初級階段的實際情況。

事實上，除了秦漢之際計時主要通行的十六時制外，還有兩漢時期其他的一些分段計時之制，也是我 國古代分段計時發展所經歷的一個階段。

兩漢時期的分段計時材料，則見諸劉安《淮南子·天文訓》、《漢書》，以及唐代太僕令王冰所編《重廣補註黃帝內經素問》以及居延漢簡等。

《淮南子·天文訓》根據太陽的出入將一天分作十五時，為晨明、朏明、旦明、蚤食、晏食、隅中、正中、小還、餔時、大還、高舂、下舂、縣車、黃昏、定昏。此十五時疏於夜間的計時。其實，《淮南子》的十五時，也是本之於十六時制。

居延漢簡 中外學者在中國西北居延等地區發現大量漢代簡牘，即「居延漢簡」。對研究漢代的文書檔案制度、政治制度具有極高史料價值，史譽其為二十世紀中國檔案界的「四大發現」之一。「居延漢簡」乃因在居延地區和甘肅省嘉峪關以東的金塔縣破城子被發現而得名。

《漢書》中的計時材料，據專家整理，有晨時、旦明、日出、蚤食、日食時、日中、餔時、下餔、昏、夜過半、雞鳴十一個時稱。可見這個材料不完全。

《重廣補註黃帝內經素問》保存有西漢分段計時制的材料，有大晨、平旦、日出、早食、晏食、日中、日昳、下餔、日入、黃昏、晏餔、人定、合夜、夜半、夜半後、雞鳴等時稱，為十六時制。

於時辰的記載居延漢簡為西漢時期武帝太初年間至東漢時期明帝永元年間之物，前後延續時間約兩百年，有關的計時材料。經過專家整理，共得晨時、平旦、日出、蚤 食、食時、東中、日中、西中、餔時、下餔、日入、昏時、夜食、人定、夜少半、夜半、夜大半、雞鳴十八個時稱，因此有人認為漢代官方可能實行十八時制。

上述材料所說的十五時、十一時乃至十八時，相比之下都沒有十六時精密。由此可見，秦漢時期十六時制這一時間分法，是中國古代分段計時制度成熟的代表。

總之，中國古代的分段計時制度，是在實踐中逐步完善起來的。

隨著社會的發展和科技知識的進步，人們對於時間精度的要求越來越高，對原有的計時方法不斷做出修正，淘汰其不合理或不適應實際生活習尚的部分，或改進計時的形式，或增加新的內容，此而使分段計時更加合理。

閱讀連結

宋代著名科學家蘇頌主持創製的水運儀象台是十一世紀末中國傑出的天文儀器，也是世界上最古老的天文鐘。可以報十二個時辰的時初、時正名稱，還可以報刻的時間。

報十二個時辰的在第二層的木閣中。有二十四個司辰木人，手拿時辰牌，牌面依次寫著子初、子正、丑初、丑正等。每逢時初、時正，司辰木人按時在木閣門前出現。

報刻的在第三層木閣中。有九十六個司辰木人，其中有二十四個木人報時初、時正，其餘木人報刻。

發明漏刻的計時方法

漏刻計時法，即把晝夜分成均衡的一百刻。其產生與漏刻的使用有關。可能起源於商代。有了漏刻，人類的計時開始擺脫依賴天象，帀創了人類製造計時器的新紀元。

漢代時曾把它改造為一百二十刻，南朝梁時期改為九十六刻、一百〇八刻。漏刻計時幾經反覆，直至明末歐洲天文學知識傳入才又提出九十六刻制的改革，清代初期定為正式的制度。

在中國古代，發明了很多計時方法，其中，漏刻最為普遍。

科學家燕肅

燕肅是北宋時期科學家，一生有很多成就，人們稱他為「巧思的人」。他造的蓮花漏，在當時的很多州使用。

燕肅（西元九九一年～一〇四〇年），青州人，就是現在的山東益都。北宋畫家、科學家。官至龍圖閣直學士，人稱「燕龍圖」。學識淵博，精通天文物理，有指南車、記里鼓、蓮花漏等儀器的創造發明，著有《海潮論》，繪製《海潮圖》以說明潮汐原理。工詩善畫，以詩入畫，意境高超，為文人畫的先驅者。

燕肅精通天文曆法，他深感當時計算時間的儀器不夠準確，而且結構複雜，使用起來也不方便，亟待製作新的刻漏，於是他決心發明一種新的計時器。他經過反覆研究，終於製造出新的計時工具蓮花刻漏。

蓮花刻漏較舊刻漏有很大改進，它由上、下兩個水池盛水，上池漏於下池，再由銅鳥均勻地注入石壺。石壺上有蓮葉蓋，一支箭首刻著蓮花的浮箭，插入蓮葉蓋中心。

箭為木製，由於水的浮力，便能穿過蓮心沿直徑上升，箭上有刻度，從刻度就可以看出是什麼時刻和什麼節氣了。

根據全年每日晝夜的長短微有差異，又把二十四節氣製成長短刻度不同的四十八支浮箭，每一個節氣晝夜各更換一支。這種刻漏製作簡單，計時準確，設計精巧，便於推廣。

蘇軾（西元一〇三七年～一一〇一年），號東坡居士。眉州眉山人，就是現今四川省眉山市。北宋時期文豪，宋詞「豪放派」代表。追謚「文忠」。他在文學藝術方面堪稱全才。詞開豪放一派，對後世有巨大的影響。代表作《念奴嬌·赤壁懷古》和《水調歌頭·丙辰中秋》等，在民間傳誦甚廣。

經過試驗之後，宋仁宗於西元一〇三六年將其頒行全國使用。

蓮花漏頒行後，受到各方面的稱讚。朝官夏竦稱其「秒忽無差」，全國各地「皆立石載其法」，著名的大文學家蘇軾也對此大加讚賞。

燕肅每到一處，就把蓮花漏的製造方法以碑刻的形式進行介紹、傳播，並製成樣品加以推廣。這種熱心傳播科學技術的精神，值得欽佩。

其實在此之前，中國使用漏刻計時器已經好長時間了，可以說具有悠久的歷史。我們通常所說的時刻中的「刻」用來表示時間，就涉及中國古代滴水計時的文化史實。

在機械鐘錶傳入中國之前，漏刻是中國使用最普遍的一種計時器。簡單地說，漏刻計時的原理是透過水慢慢地從小孔漏出，利用容器內水面的升降來計算時間。

漏刻是中國的一種古老的計時器。「漏」是指計時用的漏壺，「刻」是指劃分一天的時間計量單位，漏壺計時一晝夜共一百刻，「刻」就是在這種文化事實中具備了表現時間的職能。

漏刻在中國起源很早。南北朝時期有本書叫《漏刻經》，上面說，漏刻起源於黃帝時代，夏商時期得到了很大的發展。《隋書·天文志》一書也認為，漏刻是黃帝觀察到容器漏水，從中受到啟發而發明的。

早在新石器時期，人們就已經能夠製作陶器，陶器在使用中難免會出現殘漏，導致水的流失。水的流失需要時間，這種現象給人以啟發，用水量變化來表示時間的流逝，由此就逐漸導致了漏刻的產生。

進入周代以後，漏刻的地位進一步提高，朝廷中設有專門負責漏壺計時的官吏，稱為「挈壺氏」。以後歷代都有專門管理漏刻的機構和人員，制度越來越完善。

挈壺氏 官名。《周禮》說挈壺氏設下士六人及史二人，徒十二人。有軍事行動時，掌懸掛兩壺、轡、畚四物。兩壺一為水壺，懸水壺以示水井位置；一為滴水計時的漏，命名擊柝之人能按時更換。懸轡以示宿營之所。懸畚以示取糧之地。

歷代漏刻計時所使用的百刻制，據推測最早就是商代制定的，所以古人有時候又把「刻」稱為 「商」，這是商代漏刻得到發展的有力證據。

最初的漏壺是單只的，壺的底部開一小口，壺中放一支刻有刻度的木桿，觀察水位退到哪一刻度，就能知道是什麼時間了。由於早期漏壺的使用大多與軍事有關，所以這種木桿被稱為「箭桿」，這種方法稱為「淹箭法」。

還有一種方法，就是將箭插在箭舟上，箭桿上刻有時間線，當壺中水滿時，箭桿靠木塊的浮力升得很高，隨著水的流失，箭舟往下沉，箭桿也隨之下降，透過觀察刻度線，就可以讀出什麼時間了。這種方法又稱為「沉箭法」。

沉箭漏壺的計時精度比淹箭漏壺稍高，但也不夠準確，原因在於水的流速與壺中水位高低有關，水位高時，水的流速就快，隨著水的流出，壺內水位也就逐漸下降，水的流速也就慢了下來，因此木箭下降的速度是不均勻的，即沉箭漏壺在使用過程中其計時精度會越來越低。

為了提高漏壺的計時精度，聰明的古人又發現了新的計時方法浮箭法。

最早的浮箭漏壺是單級的，它是由兩只漏壺組成，一隻是供水壺；另一隻是受水壺，受水壺中放箭尺，通常稱為箭壺。

由於洩水壺的水不斷地注入箭壺，木箭上的時刻標記就不斷地從壺中顯露出來，人們就可以知道當時的時刻了，這就是單級浮箭壺。

單級浮箭漏只有一隻洩水壺，由於人工往供水壺裡加水有一定的時間間隔，加水前後水位有一定的變化，導致流往箭壺的水流量不穩定，因而計時誤差相對較大。

要解決這一問題，可以把木箭上的時刻代表做成不均勻的，但這又需要有其他高精度計時儀器的校驗，當時要做到這一點，並不容易。

另一種方法，是不斷給洩水壺添水，使其水位能大致保持在某一高度，以此減少其排水速度的變化。

經過多年實踐，人們在洩水壺和受水壺之間再加一隻補償壺，使補償壺在向受水壺供水的同時，又不斷得到洩水壺流進來的水的補充，從而使補償壺的水位保持相對穩定，這就是二級補償浮箭漏壺。

東漢時期著名科學家張衡曾經這樣描寫當時二級漏壺的使用情況：

漏壺用銅製成，有兩個洩水壺，它們分別在底部開口，第一個洩水壺流出來的水流入第二個洩水壺，第二個洩水壺再排給受水壺。

由於晝夜長短不一，可以讓受水壺也有兩套，分別在白晝和黑夜使用。

由此可知，二級漏壺至遲在東漢時期就已經發明了。

張衡（西元七八年～一三九年），生於東漢時期南陽西鄂，即今河南省南陽市石橋鎮。東漢時期偉大天文學家、發明家、製圖學家、數學家、地理學家、文學家、學者。他為中國天文學、機械技術、地震學發展作出了不可磨滅的貢獻。後世稱張衡為「科聖」。

二級漏壺可以大幅度提高漏刻計時精度，於是就出現了有三個洩水壺連用的漏刻。

晉代名士孫綽在一篇文章中最早記載了三級漏壺的存在：「累筒三階，積水成淵，器滿則盈，承虛赴下。」所謂「累筒三階」，就是指的三個連用的圓形洩水壺。

至唐代，著名學者呂才又將連用的洩水壺數增加至四個，從而導致了四級漏壺的誕生。

宋代經學家楊甲的《六經圖》，也記載了呂才漏壺。

古人為了提高計量精度，除了增加漏壺的級數外，還有一項重要的改進，那就是分水壺的發明。

第一個使用分水壺的人，就是前面提到的宋代科學家燕肅。分水壺的出現，從根本上解決了漏壺的水面穩定性問題。

中國古代還出現過一些與漏刻結構原理類似的計時工具，有用水銀的，有用沙子的，還有用半機械的。元末明初的詹希元製造了一種機械計時儀器五輪沙漏鐘，又稱為「輪鐘」。

五輪沙漏鐘名字中雖然有「沙漏」兩字，但它並不是以流沙的多少來計時，而是以沙作為動力來帶動齒輪系統工作，是一種真正的機械鐘。

五輪沙漏鐘的工作原理是流沙從漏斗形的沙池流至初輪邊上的沙斗裡，驅動初輪，從而帶動各級機械齒輪旋轉。最後一級齒輪帶動在水平面上旋轉的中輪，中輪的軸心上有一根指針，指針則在一個有刻線的儀器圓盤上轉動，以此顯示時刻。

詹希元巧妙地在中輪上添加了一組機械傳動裝置，這些機械裝置能使五輪沙漏上的兩個小木人每到整時能夠轉出來擊鼓報時。

詹希元 又名詹希原，安徽歙縣人。明代官員，為官清廉，作風正派，深受百姓愛戴。他多才多藝，工書法，為初「台閣體」先導；創製五輪沙漏，以齒輪、時刻盤合成，五輪沙漏鐘是中國早期機械鐘代表。

五輪沙漏鐘以沙代水，克服了冬季水易冰凍的缺點，可以不受地域限制。其初輪、二輪、三輪、四輪以及小齒輪等一套減速輪系，可以克服沙流速過快的缺點。

可惜的是，詹希元生不逢時，這樣先進的計時器問世僅有幾年，由於元明代交替之際的政局動盪而沒能推廣開來。

五輪沙漏鐘脫離了天文儀器的輔助，是中國早期機械鐘的代表。

不管是燕肅的蓮花漏，還是詹希元的五輪沙漏鐘，以及其他一些計時工具的發明，都是中國漏刻計時發展史上的重大革新。但中國歷史上使用時間最長、應用最廣的計時裝置還是漏刻。

現陳列在北京故宮博物院交泰殿中的銅壺滴漏，是西元一七四五年製造的，這是中國保存至今仍然完好的漏壺。

銅壺滴漏的漏壺全都用精銅製造，每個漏水的小管子都雕刻成龍頭形狀，水從龍口流出，最上層的漏壺置於樓閣形建築的上層，旁邊有樓梯可以上下，樓閣建築與宮殿結構相同。做工雕刻極為精細，平水壺面鐫有乾隆皇帝的御製銘文。

漏刻的出現，使人們不需要頻繁觀測天文就可以隨時知道當時的時刻。它使中國古代計時減少了對自然條件的依賴，是古人在探索時間計量方式上的一大進步。

閱讀連結

「鐘」是歷史悠久的計時工具。「鐘」和「鼎」在中國古代被視為傳國重器，其上所鑄文字，被稱之為「鐘鼎文」。「鐘」還被佛寺懸掛起來用作報時。如唐代詩人張繼《楓橋夜泊》：「姑蘇城外寒山寺，夜半鐘聲到客船。」所謂「夜半鐘聲」就是半夜的報時鐘聲。大概是鐘有了報時的作用，而後將「鐘」字用作計時器的名稱。

採取獨特的十二辰計時法

古人把一晝夜劃分成十二個時段，每一個時段叫一個時辰。十二時辰既可以指一天，也可以指任何一個時辰。十二時辰是古人根據一日間太陽出沒的自然規律、天色的變化以及自己日常的生產活動、生活習慣而歸納總結、獨創於世的。

十二時辰包括子時、丑時、寅時、卯時、辰時、巳時、午時、未時、申時、酉時、戌時、亥時。中國十二時辰之制的廣泛流行為南北朝時期。

王充雕像

中國古代將一日分為十二時辰，並在此基礎上進行了進一步劃分，使時間變得更加精確。

一日有十二時辰，一時辰合現代兩小時；一時辰有八刻，一刻合現代十五分鐘；一刻有三盞茶，一盞茶合現代五分鐘；一盞茶有兩炷香，一炷香合現代兩分三十秒；一炷香有五分，一分合現代三十秒；一分有六彈指，一彈指合現代五秒；一彈指有十剎那，一剎那合現代零點五秒。

中國古代十二時辰之說的起源，眾說紛紜。大約早在戰國以前，為了研究天文曆法的需要，已經將天球沿赤道劃分為十二個天區，稱為十二個星次。與此同時，又將天穹以北極為中心劃為十二個方位，分別以十二時辰來表示時段。

十二時辰之制，是以十二地支計算時間的方法。在現傳最古老的西漢曆法《三統曆》中，有一個「推諸加時」算法，所謂「加時」就是將各種曆法推算的時刻換算成十二時辰，這是關於十二時辰制度的最早記錄。

王充 （西元二七年～約九七年），會稽上虞人，今屬浙江省。是東漢時期傑出的思想家，唯物主義哲學家。整個東漢時期兩百年間，稱得上思想家的僅有三位，他們是王充、王符和仲長統，王充首屈一指。《論衡》是王充的代表作品，也是中國歷史上一部不朽的無神論著作。

漢代哲學家王充在《論衡》中說：「一日之中分為十二時，平旦寅，日出卯也。」說明在當時，十二時辰之名與十二地支名已經配合運用，並且已經排定 次序。

漢代將十二時辰命名為：夜半、雞鳴、平旦、日出、食時、隅中、日中、日昳、晡時、日入、黃昏、人定。各個時辰都有別稱，又用十二地支來表示。

夜半，又名子夜、夜分、中夜、未旦、宵分。夜半是十二時辰的第一個時辰，與子時、三更、三鼓、丙夜相對應，時間是從二十三時至一時。

此時以地支來稱其名則為「子時」。此時正是老鼠趁夜深人靜，頻繁活動之時，故稱「子鼠」。

天色由黑至亮的這段，都稱為「夜」。「夜半」是指天黑至天亮這一自然現象變化的中間時段，而人們平素所說的「半夜」則是籠統地指全部的天黑了的時間，其時間往往超出「夜半」所指的那兩個小時。

雞鳴，又名荒雞。十二時辰的第二個時辰，與四更、四鼓、丁夜相對應。時間是從一時至三時。

此時以地支來稱其名則為丑時。牛習慣夜間吃草，農家常在深夜起來挑燈喂牛，故稱「丑牛」。

雞被古人褒稱為守夜不失信的「知時畜也」。曙光初現，雄雞啼鳴，拂曉來臨，人們起身。「雞鳴」從字面上來看確有「雞叫」之意，但它在十二時辰中卻是特指夜半之後、平旦以前的那一時段。

中國幅員廣闊，由於一年四季、地域的不同，開始雞鳴的時間，一般在當地天明之前一小時左右。

平旦，又叫平明、旦明、黎明、早旦、日旦、昧旦、早晨、早夜、早朝、昧爽、旦日、旦時等。時間是從三時至五時，即是我們古時講的五更。

此時以地支來稱其名則為「寅時」。此時晝伏夜行的老虎最兇猛，古人常會在此時聽到虎嘯聲，故稱「寅虎」。

太陽露出地平線之前，天剛濛濛亮的一段時候稱「平旦」，也就是我們現在所說的黎明之時。

日出，又叫日上、日生、日始、日晞、旭日、破曉。時間是從五時至七時，指太陽剛剛露臉，冉冉初升的那段時間。此時旭日東昇，光耀大地，給人以勃勃生機之感。

此時以地支來稱其名則為「卯時」。天剛亮，兔子出窩，喜歡吃帶有晨露的青 草，故稱「卯兔」。

食時，也叫早食、宴食、蚤食。時間是從七時至九時，古人「朝食」之時也就是吃早飯時間。

此時以地支來稱其名則為辰時。此時一般容易起霧，中國古代傳說龍喜騰雲駕霧，又值旭日東昇，蒸蒸日上，所以稱為「辰龍」。

隅中，也叫日禺、禺中、日隅。時間是從九時至十一時，即臨近中午的時候 .

此時以地支來稱其名則為「巳時」。此時大霧散去，豔段玉裁雕塑陽高照，蛇類出洞覓食，故稱「巳蛇」。

漢代劉安的《淮南子·天文訓》最早出現「隅中」一詞：「日出於暘谷……至於桑野，是謂晏食；至於衡陽，是謂隅中；至於昆吾，是謂正中。」

段玉裁 （西元一七三五年～一八一五年），晚年號硯北居士，長塘湖居士，僑吳老人，江蘇金壇人，龔自珍外公。清代文字訓詁學家、經學家。著有《說文解字注》、《毛詩故訓傳定本》、《經韻樓集》等，對中國音韻學、文字學、訓詁學、校勘學諸方面作出了傑出貢獻。

清代文字訓詁學家段玉裁《說文解字注》說「角為隅」，那麼這個隅與時間有什麼聯繫呢？

如果以《淮南子》的作者劉安及其門客蘇非等人的著書之地長安為觀測點，人們在巳時觀察，衡陽、昆吾兩山皆在南方。

當太陽運行到衡陽上方，還沒有運轉到昆吾上空時，長安觀測點與衡陽上方的太陽的連線，同觀測點與昆吾上空的太陽的連線形成一個夾角。

這個夾角就是以長安為基準測位測得的巳時與午時這兩個時辰形成的交角。也就是太陽在隅中初臨時與其在正中時所形成的東傾斜角。因此，人們稱這個時段為「隅中」。

日中，也叫日正、日午、日高、正午、亭午、日當午。時間是從十一時至十三時。

此時以地支來稱其名則為「午時」。古時野馬未被人類馴服，每當午時，四處奔跑嘶鳴，故稱「午馬」。

太陽已經運行至中天，即為正午的時辰。上古時期，人們把太陽行至正中天空時作為到集市去交易的時間代表，這樣的商品交換的初期活動，就在日中時辰進行。

日昳，也叫日昃、日仄、日側、日跌、日斜。時間是從十三時至十五時，正值太陽偏西之時。

此時以地支來稱其名則為「未時」。有的地方稱此時為「羊出坡」，意思是放羊的好時候，故稱「未羊」。

「日昳」這個時間名詞，最初見於漢代史學家司馬遷《史記·天官書》：「旦至食，為麥；食至日昳，為稷。」「日昳」的意思是太陽過了中天偏斜向大地西邊。以中天為界，這時的太陽與隅中之日相對。

晡時，也叫餔時、日餔、日稷、夕食。時間是從十五時至十七時。

杜甫（西元七一二年～七七〇年），字子美，號少陵野老，一號杜陵野老、杜陵布衣，世稱「杜拾遺」、「杜工部」、「杜少陵」、「杜草堂」。原籍湖北襄陽，生於河南鞏縣。盛唐時期偉大的現實主義詩人、世界文化名人。有一千五百多首詩歌被保留了下來，有《杜工部集》傳世。

此時以地支來稱其名則為「申時」。此時太陽偏西，猴子喜在此時啼叫，故稱「申猴」。

古人進餐習慣，吃第二頓飯是在晡時。因此，「晡時」之義即「第二次進餐之時」。古人還常常以「晡」這個字來代替「晡時」而寫入作品中，如杜甫的《徐步》寫道：「整履步青蕪，荒庭日欲晡。」白居易的《宿杜曲花下》寫道：「但惜春將晚，寧愁日漸晡。」

日入，也叫日沒、日沉、日西、日落、日逝、日晏、日旰、日晦、傍晚，意為太陽落山的時候。時間是從十七時至十九時。

此時以地支來稱其名則為「酉時」。太陽落山了，雞在窩前打轉，故稱「酉雞」。

「日入」即為太陽落山，這是夕陽西下的時候。古時，人們又將「日出」和「日入」分別作為白天和黑夜到來的代表。當時人們生產勞動、休養生息就是以「日出」、「日入」為基本的簡易時間表的。

黃昏，也叫日夕、日末、日暮、日晚、日暗、日墮、日曛、曛黃。時間是從十九時至二十一時。此時太陽已經落山，天將黑未黑。天地昏黃，萬物朦朧，故稱黃昏。

此時以地支來稱其名則為「戌時」。此時人們勞碌一天，閂門準備休息了。《離騷》碑刻狗臥門前守護，一有動靜，就「汪汪」大叫，故稱「戌狗」。

古人以「黃昏」來表示這一時辰，是因為此時夕陽沉沒，萬物朦朧，天地昏黃，「黃昏」一詞形象地反映出了這一時段典型的自然特色。

最早使用「黃昏」一詞的是戰國時期的詩人屈原。他在《離騷》中寫道：「昔君與我誠言兮，曰黃昏以為期，羌中道而改路。」

「黃昏」這個詞，在中國古代文學作品，尤其是詩詞裡經常出現。如北宋時期文學家歐陽修《生查子》寫道：「月上柳梢頭，人約黃昏後。」

白居易（西元七七二年～八四六年），字樂天，晚號香山居士、醉吟先生。祖籍山西太原，胡族後裔，生於唐代時河南新鄭。唐代中期最具代表性的詩人之一。作品平易近人，乃至於有「老嫗能解」的說法。著名詩歌有《長恨歌》和《琵琶行》等。

詞人在這詞句中把「黃昏」作為青年男女幽會的美好時刻來使用，是極確切的。歷來膾炙人口的名句「夕陽無限好，只是近黃昏」，則流露了唐代著名詩人李商隱對自己年華遲暮的慨嘆，被歷代傳誦。

人定，也叫定昏、夤夜。時間是從二十一時至二十三時。

此時以地支來稱其名則為「亥時」。此時夜深人靜，能聽見豬拱槽的聲音，故稱「亥豬」。

人定是一晝夜中十二時辰的最末一個時辰。人定也就是人靜。此時夜色已深，人們也已經停止活動，安歇睡眠了。

中國古代民歌中第一首長篇敘事詩《孔雀東南飛》有「晻晻黃昏後，寂寂人定初」的詩句。瞭解了「人定」的時間概念，就可以正確理解這句詩的意思了。

總之，十二辰計時法表時獨特，歷史悠久，是中國燦爛的文化瑰寶之一，也是中華民族對人類天文曆法的一大傑出貢獻。

閱讀連結

中國古代十二時辰計時之制，不僅方便了人們對時間的把握，也是傳統中醫學養生理論內容之一。中醫認為五臟六腑以及經絡與十二時辰密切相關，因此應該遵循十二時辰生活法。

子時保證睡眠時間，丑時保證睡眠質量，寅時號脈的最好時機，卯時養成排便習慣，辰時早餐營養均衡，巳時工作黃金時間，午時養成午睡習慣，未時保護血管多喝水，申時工作黃金時間， 酉時預防腎病的最佳時間，戌時工作黃金時間，亥時準備休息。

實行夜晚的更點制度

中國古代便把一夜分為五更，每更為一個時辰。戌時為一更，亥時為二更，子時為三更，丑時為四更，寅時為五更。由於古代報更使用擊鼓方式，故又以鼓指代更。此外還有「鼓角」、「鐘鼓」等用來打更的器具。

把一夜分為五更，按更擊鼓報時，又把每更分為五點。每更就是一個時辰，相當於現在的兩個小時，所以每更裡的每點只占二十四分鐘。

打更人雕塑

明憲宗成化年間，山東省黃縣，即現在的龍口市附近住著個林老漢，雞叫頭遍就動身，牽了自家的一頭毛驢要到城北馬集上去賣個好價錢。

由於林老漢平時不大出遠門，又因天黑迷路，所以手裡牽著的這個小畜生又見草就吃，且不時撒歡尥蹶子，不正經走路。

幾經周折，到了集上為時已晚，錯過了交易時間，白忙活了一場。林老漢不免嘆道：「起了個早五更，趕了個大晚集！」

回到家後，林老漢一氣之下把毛驢殺了，乾脆就在村子裡把驢肉賣了出去。

不過這裡講述這個故事的意義在於：林老漢說的五更，是中國古代對夜晚劃分的五個時段，因為用鼓打更報時，所以叫做「五更」、「五鼓」，或稱「五夜」。

「更」其實只是一種在晚上以擊點報時的名稱。更點制只用在夜間。從酉時起，巡夜人打擊手持的梆子或鼓，此稱為「打更」。

明憲宗（西元一四四七年～一四八七年），明朝第八位皇帝。謚號「繼天凝道誠明仁敬崇文肅武宏德聖孝純皇帝」。在位期間，初年為於謙平冤昭雪，恢復景帝帝號，又能體察民情，勵精圖治。在位末年，好方術，以至朝綱敗壞。明憲宗還肆意霸占士紳、農民的土地，供皇親國戚縱情享樂。

更點制出現的年代較早，但是明確見諸曆法者，一般以唐代初期《戊寅元曆》為開端。此歷最後附錄的「二十四氣日出入時刻表」中，給出了各氣晝、夜 漏刻的長度以及相應的更點數。

該表所列數據說明，日出前二點五刻為平旦時刻，即晝漏上水時刻；日落後二點五刻為昏時，即晝漏盡、夜漏初上時刻。從昏時至次日旦時，為夜漏長度。

太陽出入的時間天天都在變，因此，夜漏刻的長度也隨之變化，於是，更點的長度也不是固定的。

東漢四分曆「二十四氣日度、晷影、晝夜漏刻及昏旦中星表」中，有歷史上最早給出的二十四氣晝夜漏刻的數據。

魏晉南北朝時期的一些曆法，也大都列出此類數表，據此，可以推算出各氣當天每更每點的時刻。

在唐代李淳風的《麟德曆》中，給出了計算更點的規定：甲夜為初更或一更，乙夜二更、丙夜三更、丁夜四更、戊夜五更。

古代的晝夜是以日出、日入來劃分的，也就是日落後才算入更，這就出現「更點制」的一個特點。每更點的開始時刻及每個更點包含的時間長度，在不同地點各不相同。在同一地點則隨不同日期日出日入時刻的不同而變化。

古人把一夜（即現在的十個小時）分為五個時辰，夜裡的每個時辰被稱為「更」。一夜被分為「五更」，有更夫報時。

一更在戌時，稱黃昏，又名日夕、日暮、日晚等。 時間是十九時至二十一時。

二更在亥時，名人定，又名「定昏」等。時間是二十一時至二十三時。

此時夜色已深，人們也已經停止活動，安歇睡眠了，人定也就是人靜。

「咣——咣——」兩聲大鑼帶著兩聲梆子點兒，習俗上這就稱謂是「二更二點」。比起一更，二更的天色已經完全黑去，此時人們大多也都睡了。

三更在子時，名夜半，又名子夜、中夜等。時間是二十三時至一時。

三更是十二時辰的第一個時辰，也是夜色最深重的一個時辰。此時這無疑是一夜中最為黑暗的時刻，這個時候黑暗足以吞噬一切。

四更在丑時，名雞鳴，又名「荒雞」。時間是一時至三時。

四更是十二時辰的第二個時辰。雖說三更過後天就應該慢慢變亮，但四更仍然屬於黑夜，而且是人睡得最沉的時候。

五更在寅時，稱平旦，又稱「黎明」、「早晨」、「日旦」等，是夜與日的交替之際。時間是三時至五時。

這個時候，雞仍在打鳴。此時天亮了，便不再打更。而人們也逐漸從睡夢中清醒，開始迎接新的一天。

閱讀連結

現代人所說的「一刻鐘」，是經長期發展而來的。北宋時期一個時辰已普遍劃分為時初、時正兩個時段，每小時得四大刻又一小刻。也就是《宋史·律曆志》所說：「每時初行一刻至四刻六分之一為時正，終八刻六分之二則交次時。」

清代初期施行《時憲曆》後，就改一百刻為九十六刻，每時辰就得八刻，即初初刻、初一刻、初二刻、初三刻、正初刻、正一刻、正二刻、正三刻，一刻相當於今天的十五分鐘，也稱「一刻鐘」。這就是今人「一刻鐘」稱呼的由來。

時間週期——歲時文化

歲時文化是指與天時、物候的週期性轉換相適應，在人們的社會生活中約定俗成的、具有某種風俗活動內容的傳統習俗。二十四節氣本為節令氣候的代表，但後來融會許多祭祀宗教、慶賀、遊樂等內容，形成社群性的活動，演變為中華民族節日習俗的組成部分。

節氣與節日習俗的融合，經歷了千百年的演變，形成了各種不同的時代特點和地方特色。但習俗中包含著人們對先人的紀念、對親人的思念、對生活的憧憬和對希望的寄託，這些是永遠不變的。

春季歲時習俗的產生

春季節氣共有六個，分別為立春、雨水、驚蟄、春分、清明和穀雨。

在二十四節氣中，春季最能反映季節的變化，它指導農事活動，影響著千家萬戶的衣食住行。春季節氣節日習俗是中國古代勞動人民獨創的文化遺產。

春季也是忙碌的季節，俗話說；「一年之計在於春」，只要勤奮，春季播種什麼，秋季就能收穫什麼。

觀音塑像

傳說在遠古的時候，在有一年的立春前，有一個村莊突然間瘟疫四起，全村百姓頓覺頭昏腦漲、四肢無力，人們像泥一樣癱倒在地。

正在這時，一個老僧打扮的人來到了這個村莊，是他及時向南海的觀世音菩薩祈求了醫治瘟疫的方法，趕來這個村莊拯救人們。

觀世音菩薩讓僧人弄來一些青皮、紅皮蘿蔔，讓每個人都啃吃幾口。結果，還真靈驗，人們吃了蘿蔔之後，頭腦立刻清醒了，胃腸通順了，身子骨輕鬆了，手臂腿也都有力氣了。

人們紛紛起來給僧人下跪叩頭，謝他的救命之恩。僧人說：「大夥別謝我，應該感謝觀音菩薩。不過，大夥現在應該去救別人。我的房舍裡還貯有許多蘿蔔，大夥帶著快去鄰近村莊救人吧！」

觀世音菩薩 又稱「觀自在菩薩」、「觀世音菩薩」等，從字面解釋就是「觀察聲音」的菩薩，是四大菩薩之一。在佛教中，他是西方極樂世界教主阿彌陀佛座下的上首菩薩，同大勢至菩薩一起，是阿彌陀佛身邊的服侍菩薩，並稱「西方三聖」。

鄉人聽後，帶著蘿蔔奔向了十里八村。大夥都及時地啃吃蘿蔔，一時間瘟疫很快解除了，人們又過上了平靜安樂的生活。

人們不會忘記那位僧人，更不會忘記把他們從苦難中解脫出來的蘿蔔。從此，鄉下人冬天裡都要在菜窖裡多儲藏一些蘿蔔，以備在立春這天啃蘿蔔。

於是，「啃春」的習俗由此形成了，一直延續至今天。農諺「打春吃蘿蔔，通地氣」就是這樣產生的。

「立春」，古時作為春天之始。在古人眼裡，立春是個重要的節氣。據史書記載，從周代開始，直至清末民初，官家都把立春作為重要節日，舉行種種迎春的青帝宮慶祝活動。

立春之日，東風解凍，正是勸農耕作之時。「國以農為本」，「民以食為天」是中國數千年的傳統，自古每年立春，上至朝廷天子，下至府縣官員，都要舉行隆重的迎春儀式。《禮記·月令》就記「天子率公卿諸侯大夫以迎春於東郊」。

到了漢代，迎春已成為一種全國性的禮儀制度。《後漢書·禮儀志》說：「立春之日，夜漏未盡五刻，京師百官皆衣青衣，郡國縣道官下至鬥食令吏皆服青幘，立青幡，施土牛耕人於門外，以示兆民。」

公卿 「公」即是周代封爵之首，同時也是古代朝廷中最高官位的通稱，「三公」即是最尊貴的三個官職的合稱。「卿」是古時高級長官或爵位的稱謂。周時各諸侯國設卿的情況及任命權限，皆聽命於天子。周代所設公卿，是沿襲夏制而有所增制。

東漢時期漢明帝還遵照西漢的做法，於「立春」之日，「迎春於東郊，祭青帝句芒」。

可見，千百年前，迎春活動已經多樣化，並且形成了一套程序，世代相傳。其中，主要的有以下幾項：

第一，迎春方向選定東方，或出東門，或在東郊。為什麼要選在東方迎春呢？因為北星的斗柄移向東方，冬天過去，春天便來到了，萬物萌生。所以向東迎春是合乎時令的。

第二，迎春所祭之神稱為「青帝句芒」，也叫「芒神」。相傳句芒是古代主管樹木的官，死後為木官之神，又稱「東方之神」，也是司春之神。

第三，迎春的官員要穿青衣，有的要戴青巾幘，這是古代習俗。後來，雖不一定穿戴青衣青巾，但規定穿戴朝服和公服，表示隆重。

第四，迎春活動中要做「春牛」。最早的春牛，是用泥土塑造的。各朝代塑造土牛的時間不同。

欽天監 古代官署名。掌觀察天象，推算節氣，制定曆法。古代朝廷天文台，承擔觀察天象、頒布曆法的重任。欽天監正，相當於現在的國家天文台台長。由於曆法關係農時，加上古人相信天象改變和人事變更直接對應，欽天監正的地位十分重要。

如隋代，每年立春前五日，在各州府大門外的東側，造青牛兩頭及耕夫犁具。

清代則在每年農曆六月，命欽天監預定次年春牛芒神之制，到冬至後的辰日，取水塑造土牛。所謂「春牛芒神」之制，實際上是根據曆法推算哪天是立春之日，以便確定春牛和芒神的位置。

芒神雖然是神，並且還是天上的青帝，但是，這位青帝卻跟老百姓非常接近，大家感覺這是一位平凡之神，很親迎春花燈切，往往將芒神塑造成牧童模樣。

《禮記》上所說的「策牛人」，後來，就演變成牧童，而稱之「芒神」了。迎春活動做土牛，既表示送寒氣，又告訴人們立春的遲早，要求適時春耕。

如果立春在十二月望，牧童走在牛的前頭，說明當年春耕早；如果立春在十二月底或在正月初，牧童與牛並行，說明農耕不早不晚；如果立春在正月中，牧童便跟在牛後，說明農耕較晚。

至清代，每年官府向朝廷獻呈《春牛圖》，圖上畫出牧童在牛的前後位置，提醒朝廷要掌握勸農耕作時機。

春幡 也叫「春旗」，舊俗於立春日或掛春幡於樹梢，或剪繒絹成小幡，連綴簪之於首，以示迎春之意。古代立春之日，剪有色羅、絹或紙為長條狀小幡，戴在頭上，以示迎春。此俗起於漢代，至唐宋時期，春幡之製作更為精巧。

有意思的是，據記載，土牛用桑柘木做胎骨，身高四尺，象徵春、夏、秋、冬四季。頭至尾全長八尺，象徵立春、春分、立夏、夏至、立秋、秋分、立冬、冬至八個節氣。牛尾長一點二尺，表示一年十二個月。

迎春以後，要舉行「鞭春」，用意在於鞭策春牛，辛勤耕耘，結果卻是將土牛擊碎。唐宋時期，打春完畢，土塊散地，圍觀的百姓爭著拾取。得到土塊，就像得到芒牛肉，拿回家去，「其家宜蠶，亦治病」。

迎春活動還需要製作春幡，表示迎來了春天的一種慶賀。春幡，民間一般都是彩紙剪成小旗，也有剪成春蝶、春錢和春勝的，插在頭上或綴於花枝。春回大地，透露了人們的喜悅心情。

據說有一年，宋代大文豪蘇東坡在立春這天，頭上也插了春幡到弟弟子由家去。他的侄子們見了，都笑著說：「伯伯老人家也插春幡哩！」

由此也可以看出，中國的一些有關農事的節令，不少都帶有娛樂活動，不乏勉農、勸農，而又以喜聞樂見的形式，能為大眾接受。

至清代，立春這天的活動，內容更加豐富，範圍擴大，民間也積極參與，形成了一個重要的節日慶典。《清會典事例·禮部·授時》和《燕京歲時記·打春》較為詳細地記載了立春的活動情況：

立春前一天，順天府官員要到東直門外的春場去迎春。所謂「春場」，不過是在郊外選上一塊空地，臨時搭起綵棚，裡面放置了事先做妥的春山寶座、土牛等，待官員們到綵棚進行迎春儀式以後，便將春山寶座等送到禮部。

至立春之日，各部官員都要穿戴朝見皇帝的朝服，生員們都穿戴官吏的禮服。生員們從禮部抬著春山寶座、土牛等，由天文生引導，從長安左門、天安門、端門一直進到午門前。

這時，大興、宛平兩縣的縣令早已將安放春山寶座的案桌陳設在午門外正中央。生員們進來，便將寶座放在桌上。

待禮部堂官及順天府尹和府丞率領屬員全部到齊，欽天監候時官宣布立春時刻，生員們又抬起案桌，由禮部官前引，禮部堂官、順天府尹和府丞後隨，從午門中門進昭德門，到後左門外停下。

由內監出來接抬寶座，禮部官前引，禮部堂官及順天府尹府丞跟從，到了乾清門，這時，所有官員都不準進去了。

府尹 古代官名。始於漢代之京兆尹。一般為京畿地區的行政長官。北宋時期曾於京都開封設置府尹，以文臣充，專掌府事，位在尚書下、侍郎上，少尹兩人佐之，然不常置。明代於應天、順天，清代於順天、奉天設置府尹，其佐官稱「府丞」。

在內監將寶座抬進乾清宮的同時，順天府呈 上《春牛圖》，推測當年的收成情況。禮畢回到順天府。

至於各地縣府，都在立春前一天，在官署前陳設迎春牛座，第二天以紅綠鞭打或用杖擊春牛。不過，打擊春牛的人，也有裝扮成春官如牧童模樣的。

川西 過去多指成都、綿陽一帶。現在多指四川省阿壩州、甘孜州等地區。歷史上的「川西」指的是四川盆地西部邊緣地帶，不包括盆地再往西的高原和山地，即今天的阿壩藏族羌族自治州和甘孜藏族自治州。

雨水，表示兩層意思，一是天氣回暖，降水量逐漸增多了;二是在降水形式上，雪漸少了，雨漸多了。雨水節氣前後，萬物開始萌動，春天就要到了。

古代川西一帶在雨水這天，民間有一項特具風趣的活動叫「拉保保」。保保是乾爹。

以前人們都有一個為自己兒女求神問卦的習慣，看看自己兒女命相如何，需不需要找個乾爹。而找乾爹的目的，則是為了讓兒子或女兒順利，健康地成長。於是便有了雨水節拉保保的活動。此舉年復一年，久而成為一方之俗。

雨水節拉乾爹，意取「雨露滋潤易生長」之意。川西民間這天有個特定的拉乾爹的場所。這天不管天晴下雨，要拉乾爹的父母手提裝好酒菜香蠟紙錢的篼篼，帶著孩子在人群中穿來穿去找準乾爹對象。

如果希望孩子長大有知識就拉一個文人做乾爹；如果孩子身體瘦弱就拉一個身材高大強壯的人做乾爹。一旦有人被拉著當「乾爹」，有的能掙掉就跑了，有的扯也扯不脫身，大多都會爽快地答應，也就認為這是別人信任自己，因而自己的命運也會好起來的。

拉到後拉者連聲叫道：「打個乾親家」，就擺好帶來的下酒菜、焚香點蠟，叫孩子「快拜乾爹，叩頭」；「請乾爹喝酒吃菜」，「請乾親家給娃娃取個名字」，拉保保就算成功了。分手後也有常年走動的稱為「常年乾親家」，也有分手後就沒有來往的叫「過路乾親家」。

雨水節的另一個主要習俗是女婿給岳父岳母送節。送節的禮品則通常是兩把籐椅，上面纏著一點二丈長的紅帶，這稱為「接壽」，意思是祝岳父岳母長命百歲。

送節的另外一個典型禮品就是「罐罐肉」：用砂鍋燉了豬腳和雪山大豆、海帶，再用紅紙、紅繩封了罐口，給岳父岳母送去。這是對辛辛苦苦將女兒養育成人的岳父岳母表示感謝和敬意。

如果是新婚女婿送節，岳父岳母還要回贈雨傘，讓女婿出門奔波，能遮風擋雨，也有祝願女婿人生旅途順利平安的意思。

在川西民間，雨水節是一個非常富有想像力和人情味的節氣。這天不管下雨不下雨，都充滿一種雨意濛濛的詩情畫意。早晨天剛亮，霧濛濛的大路邊就有一些年輕婦女，手牽了幼小的兒子或女兒，在等待第一個從面前經過的行人。

而一旦有人經過，也不管是男是女，是老是少，攔住對方，就把兒子或女兒按捺在地，磕頭拜寄，給對方做乾兒子或乾女兒。這在川西民間稱為「撞拜寄」，即事先沒有預定的目標，撞著誰就是誰。

「撞拜寄」的目的，則是為了讓兒女順利、健康地成長。當然「撞拜寄」現在一般只在農村還保留著這一習俗，城裡人一般或朋友或同學或同事相互「拜寄」子女。

雨水節回娘屋是流行於川西一帶的另一項風俗。民間到了雨水節，出嫁的女兒紛紛帶上禮物回娘家拜望父母。生育了孩子的婦女，必須帶上罐罐肉、椅子等禮物，感謝父母的養育之恩。

久不懷孕的婦女，則由母親為其縫製一條紅褲子，穿到貼身處，據說，這樣可使其儘快懷孕生子。此項風俗現仍在農村流行。

驚蟄，是立春以後天氣轉暖，春雷初響，驚醒了蟄伏在泥土中冬眠的各種昆蟲的時期，此時過冬的蟲卵也將開始孵化，由此可見「驚蟄」是反映自然物候現象的一個節氣。因此驚蟄期間，各地民間均有不同的除蟲儀式。

客家民間以「炒蟲」方式，達到驅蟲的功利目的。其實「蟲」就是玉米，是取其象徵意義。

在少數民族地區，如廣西壯族自治區金秀的瑤族，在驚蟄時家家戶戶要吃「炒蟲」。「蟲」炒熟後，放在廳堂中，全家人圍坐一起大吃，還要邊吃邊喊：「吃炒蟲了，吃炒蟲了！」盡興處還要比賽，誰吃得越快，嚼得越響，大家就來祝賀他為消滅害蟲立了功。

古時驚蟄當日，人們會手持清香、艾草，熏家中四角，以香味驅趕蛇、蟲、蚊、鼠和霉味，久而久之，漸漸演變成驅趕霉運的習慣。

客家 是漢族在世界上分佈範圍廣闊、影響深遠的民系之一。始於秦征嶺南融合百越時期，歷經兩晉和中原漢族大舉南遷，大部分到達廣東、福建、江西等地，與南方百越群體，互通婚姻，經過千年演化，最遲至南宋時期，形成相對穩定的客家民系。

春分這一天陽光直射赤道，晝夜幾乎相等，其後陽光直射位置逐漸北移，開始晝長夜短。

春分是個比較重要的節氣，南北半球晝夜平分，同時中國除青藏高原、東北、西北和華北北部地區外都進入明媚的春天，在遼闊的大地上，楊柳青青、鶯飛草長、小麥拔節、油菜花香。

在每年的春分這一天，世界各地都會有數以千萬計的人在做「豎蛋」試驗。這一被稱之為「中國習俗」的玩意兒，何以成為「世界遊戲」，目前尚難考證。不過其玩法確簡單易行而且富有趣味。

選擇一個光滑勻稱、剛生下四五天的新鮮雞蛋，輕手輕腳地在桌子上把它豎起來。雖然失敗者頗多，但成功者也不少。

春分成了豎蛋遊戲的最佳時光，故有「春分到，蛋兒俏」的說法。豎立起來的蛋兒好不風光！

春分這一天為什麼雞蛋容易豎起來？雖然說法頗多，但其中的科學道理真不少。首先，春分是南北半球晝夜都一樣長的日子。呈六十六點五度傾斜的地球地軸與地球繞太陽公轉的軌道平面處於一種力的相對平衡狀態，有利於豎蛋。

其次，春分正值春季的中間，不冷不熱，花紅草綠，人心舒暢，思維敏捷，動作俐落，易於豎蛋成功。

更重要的是，雞蛋的表面高低不平，有許多突起的「小山」。「山」高〇點〇三毫米左右，山峰之間的距離在〇點五毫米至〇點八毫米之間。

根據三點構成一個三角形和決定一個平面的道理，只要找到三個「小山」和由這三個「小山」構成的三角形，並使雞蛋的重心線透過這個三角形，那麼這個雞蛋就能豎立起來了。

此外，之所以要選擇生下後四五天的雞蛋，這是因為此時雞蛋的卵磷脂帶鬆弛，蛋黃下沉，雞蛋重心下降，有利於雞蛋的豎立。

昔日，嶺南的開平蒼城鎮有個不成節的習俗，叫做「春分吃春菜」。「春菜」是一種野莧菜，鄉人稱之為「春碧蒿」。

逢春分那天，全村人都去採摘春菜。在田野中搜尋時，多見是嫩綠的，細細棵，約有巴掌那樣長短。採回的春菜一般家裡與魚片「滾湯」，名稱「春湯」。

有順口溜道：「春湯灌臟，洗滌肝腸。闔家老少，平安健康。」一年自春，人們祈求的還是家宅安寧，身壯力健。

春分時還有挨家送春牛圖的。其圖是把兩開紅紙或黃紙印上全年農曆節氣，還要印上農夫耕田圖樣，名稱「春牛圖」。送圖者都是些民間善言唱者，主要說些春耕和吉祥不違農時的話，每到一家更是即景生情，見啥說啥，說得主人樂而給錢為止。

言詞雖隨口而出，卻句句有韻動聽。俗稱「說春」，說春人便叫「春官」。

春分這一天，農民都按習俗放假，每家都要吃湯圓，而且還要把不用包心的湯圓十多個或二三十個煮好，用細竹叉扦著放到田邊地坎，名稱「黏雀子嘴」，免得雀子來破壞莊稼。

春分期間還是孩子們放風箏的好時候。尤其是春分當天，甚至大人們也參與。風箏類別有王字風箏、鰱魚風箏、雷公蟲風箏、月兒光風箏等。放時還要相互競爭，看哪個放得高。

二月春分，開始掃墓祭祖，也叫「春祭」。掃墓前先要在祠堂舉行隆重的祭祖儀式，殺豬、宰羊，請鼓手吹奏，由禮生念祭文，帶引行三獻禮。

春分掃墓開始時，首先掃祭開基祖和遠祖墳墓，全族和全村都要出動，規模很大，隊伍往往達幾百甚至上千人。祖墓掃完之後，然後分房掃祭各房祖先墳墓，最後各家掃祭家庭私墓。

大部分客家地區春季祭祖掃墓，都從春分或更早一些時候開始，最遲清明要掃完。各地有一種說法，意思是清明後墓門就關閉，祖先英靈就受用不到了。

媽祖 又稱「天妃」、「天后」、「天上聖母」、「娘媽」，是歷代船工、海員、旅客、商人和漁民共同信奉的神祇。古代在海上航行經常受到風浪的襲擊而船毀人亡，他們把希望寄託於神靈的保佑。在船舶起航前要先祭天妃，祈求保佑順風和安全，在船舶上還立天妃神位供奉。

清明是春季的第五個節氣，共有十五天。清明的意思是清淡明智。作為節氣的清明，時間在春分之後。這時冬天已去，春意盎然，天氣清朗，四野明淨，大自然處處顯示出勃勃生機。

用「清明」稱這個時期，是再恰當不過的一個詞。「清明時節雨紛紛，路上行人欲斷魂。」唐代著名詩人杜牧的千古名句，生動勾勒出「清明雨」的圖景。

穀雨是春季的最後一個節氣。穀雨節氣的到來意味著寒潮天氣基本結束，氣溫回升加快，大大有利於穀類農作物的生長。

穀雨以後氣溫升高，病蟲害進入高繁衍期，為了減輕病蟲害對作物及人的傷害，農家一邊進田滅蟲，一邊張貼穀雨帖，進行驅凶納吉的祈禱。

漁家流行穀雨祭海，穀雨時節正是春海水暖之時，百魚行至淺海地帶，是下海捕魚的好日子。俗話說「騎著穀雨上網場」。為了能夠出海平安、滿載而歸，穀雨這天漁民要舉行海祭，祈禱海神媽祖保佑。

古時有「走穀雨」的風俗，穀雨這天青年婦女走村串親，或者到野外走走，寓意與自然相融合，強身健體。

南方有穀雨採茶的習俗。傳說穀雨這天的茶喝了會清火、闢邪、明目等。所以穀雨這天不管是什麼天氣，人們都會去茶山採摘一些新茶回來喝。

北方有穀雨食香椿的習俗。穀雨前後是香椿上市的時節，這時的香椿醇香爽口營養價值高。穀雨之後，天氣進一步轉暖，人們開始熱衷於戶外活動，郊遊、踏青以及蹴鞠等。

閱讀連結

在北方，立春講究吃春餅。最早的春餅是用麥麵烙制或蒸制的薄餅，食用時，常常和用豆芽、菠菜、韭黃、粉絲等炒成的合菜一起吃，或以春餅包菜食用。傳說吃了春餅和其中所包的各種蔬菜，會使農苗興旺、六畜茁壯。

隨著時間的推移，有了春捲與春餅之說。春捲與春餅，其實只是兩種做法不同的面皮，雖然薄厚不同，但吃法相似，都是捲上各種蔬菜和肉一起吃，只是北方人更多地喜歡吃春餅，江南人更願意吃春捲。

夏季歲時習俗的流傳

夏季節氣共有六個，分別為立夏、小滿、芒種、夏至、小暑和大暑。

夏季歲時習俗有演小滿戲、送花神、安苗活動、煮青梅、稱人體重、烹製新茶、吃伏羊等。古人會舉行各種儀式，來度過整個夏季的每一個節氣。

在北方，夏季是戶外活動最頻繁的季節。

古代養蠶治絲

《禮記·月食》記載，周代每逢立夏這一天，皇帝必親自帶領公卿大夫到京城南郊迎夏，並舉行祭祀炎帝祝融的隆重典儀。

皇帝迎立夏於南郊，原本是一種祭祀。因為南是祝融的方位，屬火，祝融本身就是火神。

這種迎夏禮，為歷代王朝所承傳。帝王的迎夏儀式，可謂正式而隆重。據《歲時佳節記趣》一書記載，先秦時各代帝王在立夏這天，都要親率文武百官到郊區舉行迎夏儀式。

君臣一律身著朱色禮服，佩帶朱色玉飾，乘坐赤色馬匹和朱紅色的車子，連車子的旗幟也是朱紅色的。這種紅色基調的迎夏儀式，強烈表達了古人渴求五穀豐登的美好願望。

後來，古人立夏習俗有了變化。在明代，一到立夏這天，朝廷掌管冰政的官員就要挖出冬天窖存的冰塊，切割分開，由皇帝賞賜給官員。其實，皇帝立夏賜冰，並非起於明代，兩宋時期皇帝立夏賜冰給群臣就已經成為一項慣例和習俗。

大夫 古代官名。西周以後先秦諸侯國中，在國君之下有卿、大夫、士三級。大夫世襲，有封地。後世遂以大夫為一般任官職之稱。秦漢時期以後，朝廷要職有御史大夫，備顧問者有諫大夫、中大夫、光祿大夫等。至唐宋時期尚有御史大夫及諫議大夫之官，至明清時期廢止。

民間為了迎接夏日的到來，也會舉行各種有趣的活動。這些趣味盎然的活動，逐漸形成了許多傳統習俗，一些風俗甚至保留至今。

南方人有的地方有嘗三鮮的習俗。三鮮分地三鮮、樹三鮮、水三鮮。有的地方還有吃霉豆腐的習俗，寓意吃了霉豆腐就不會倒楣。

有的地方立夏必吃「七家粥」，七家粥是彙集了左鄰右舍各家的米，再加上各色豆子及紅糖，煮成一大鍋粥，由大家來分食。

在中國北方，立夏正是小麥上場時節，因此北方大部分地區立夏日，有製作麵食的習俗，意在慶祝小麥豐收。立夏的麵食主要有夏餅、麵餅和春捲。

中國素以農立國，春天插秧是禾稷的肇始，至夏天，除草、耘田，亦是重要的農事活動，否則難有秋獲冬藏的好收成，所以各朝各代十分重視這個節氣。

民間在立夏日，以祭神享先，嘗新饋節以及稱人、烹茶等活動為主。嘗新，即品嚐時鮮，如夏收麥穗、金花菜、櫻桃、李子、青梅等。先請神明、祖先享用，然後親友、鄰里之間互相饋贈。

立夏烹製新茶，是宋元時期以來的習俗，實際上是民間茶藝比賽。家家選用好茶，輔料調配，汲來活水，升爐細烹，茶中還摻上茉莉、桂芯、薔薇、丁檀、蘇杏等，搭配細果，與鄰里互相贈送，互相品嚐。

一些富豪人家還借此爭奢鬥闊，用名窯精瓷茶具盛茗，將水果雕刻成各種形狀，以金箔進行裝飾，放在茶盤裡奉獻。文人墨客則要舉辦「鬥茶會」，品茶食果，分韻賦詩，以示慶賀。

至今，一些地方仍流傳在立夏日，吃「立夏蛋」，吃螺螄，吃「五虎丹」：紅棗、黑棗、胡桃、桂圓、荔枝，是嘗新古風的遺存。

據記載，西元一八二七年，江南盛澤絲業公所興建了先蠶祠，祠內專門築了戲樓，樓側設廂樓，台下石板廣場可容萬人觀劇。

小滿前後三天，由絲業公所出資，邀請各班登台唱大戲。不過演戲也有個行業忌諱，就是不能上演帶有私生子和死人的情節的戲文，因為「私」和「死」都是「絲」的諧音。

絲業公所在小滿前後演出三天，所有戲目都是絲業公所董事門反覆斟酌點定的祥瑞戲，目的是討個吉利。

古代利用節氣討吉利是常有的事情。作為二十四節氣之一的小滿，它的本意是指麥類等夏熟作物灌漿乳熟，籽粒開始飽滿。但還沒有完全成熟，故稱「小滿」。

小滿前後的民俗節慶，在台灣省南北各有不同，南部最大的是王爺廟，李王爺誕辰大典；北部是神農大帝生日，神農大帝就是傳說中的神農氏，也叫「五穀王」。

小滿節相傳為蠶神誕辰，所以在這一天，中國以養蠶稱著的江浙一帶，小滿戲非常熱鬧。

小滿戲成為具有行業特徵的社會性民俗活動。相傳農曆小滿節為蠶神生日，而蠶花娘子是其中之一，他們要紀念這蠶花娘子，並且希望蠶花娘子保佑四鄉農民所養的蠶有豐滿的收成。

古代，太湖流域為中國主要蠶絲產區。明清時期以來，江浙兩省崛起諸多絲綢工商市鎮，民間崇拜蠶神等絲綢行業習俗十分盛行。

各蠶絲產區市鎮如江蘇省的盛澤、震澤，浙江省的王江涇、濮院、王店、新塍等皆建有先蠶祠或蠶皇殿之類的蠶神祠廟，供奉蠶神以祈豐收。

小滿節時值初夏，蠶繭結成，正待採摘繅絲，栽桑養蠶是江南農村的傳統副業，家蠶全身是寶，及鄉民的衣食之源，人們對它充滿期待的感激之情。於是這個節日便充滿著濃郁的絲綢民俗風情。

芒種已近農曆五月間，百花開始凋殘、零落，民間多在芒種日舉行祭祀花神儀式，餞送花神歸位，同時表達對花神的感激之情，盼望來年再次相會。

小滿戲 為祭祀蠶神而編排的地方戲，盛行於江浙各地。相傳農曆小滿節為蠶神生日，各地蠶神祠廟皆開鑼演戲，以慶神誕，此俗已流傳數百年。演小滿戲原本僅一日，但有的地方因經濟實力雄厚，人口眾多而連演三天，皆是祥瑞之戲。

此俗今已不存，但從著名小說家曹雪芹的《紅樓夢》第二十七回中可窺見一斑：

那些女孩子們，或用花瓣柳枝編成轎馬的，或用綾錦紗羅疊成千旄旌幢的，都用綵線繫了。每一棵樹上，每一枝花上，都繫了這些物事。滿園裡繡帶飄飄，花枝招展，更兼這些人打扮得桃羞杏讓，燕妒鶯慚，一時也道不盡。

「千旄旌幢」中「千」即盾牌；旄，旌，幢，都是古代的旗子，旄是旗杆頂端綴有牦牛尾的旗，旌與旄相似，但不同之處在於它由五彩折羽裝飾，幢的形狀為傘狀。由此可見大戶人家芒種節為花神餞行的熱鬧場面。

安苗活動是皖南的農事習俗，始於明代初期。每至芒種時節，種完水稻，為祈求秋天有個好收成，各地都要舉行安苗祭祀活動。

家家戶戶用新麥麵蒸發包，把麵捏成五穀六畜、瓜果蔬菜等形狀，然後用蔬菜汁染上顏色，作為祭祀供品，祈求五穀豐登、村民平安。

在芒種節氣裡，中國有許多習俗，每隔兩年就有一次端午節出現在芒種期間，其中，端午節是中國民間四大節日之一。

端午節又稱「端陽」、「重午」、「天中」、「朱門」、「五毒日」。端午節有喝雄黃酒、吃綠豆糕、煮梅子、賽龍舟的習俗。

夏至是個重要節氣，也有很多習俗。據宋代《文昌雜錄》裡記載，宋代的官方要放假三天，讓百官回家休息，好好地洗澡、娛樂。《遼史·禮志》中說：「夏至日謂之『朝節』，婦女進彩扇，以粉脂囊相贈遺。」彩扇用來納涼，香囊可除汗臭。這一天，各地的農民忙著祭天，北求雨，南祈晴。

浙江金華地區有祭田公、田婆之俗，即祭土地神，祈求農業豐收。為防止害蟲發生夏至節。

夏至共十五天，其中上時三天，二時五天，末時七天，此時最怕下雨。而在多旱的北方則流行求雨風俗，主要有京師求雨、龍燈求雨等，祈求風調雨順。但是，當雨水過多以後，人們又利用巫術止雨，如民間剪紙中的掃天婆就是止雨巫術。有些地方把本來是巫術替身的掃晴娘也奉為止雨求晴之神。

過去在農曆六月二十四日，還祭祀二郎神，即李冰次子，因為民間供奉他為水神，以祈求風調雨順。天旱了，請二郎神降雨；雨多了，請二郎神放晴。

時至今日，各地仍然保留有各種趣味盎然的夏至節日食俗。

夏至日照最長，故紹興有「嬉，要嬉夏至日」之俚語。古時，人們不分貧富，夏至日皆祭其祖，俗稱「做夏至」，除常規供品外，特加一盤蒲絲餅。其時，夏收完畢，新麥上市，因有吃麵嘗新習俗，諺語說「冬至餛飩夏至麵」。也有做麥糊燒的，即以麥粉調糊，攤為薄餅烤熟，寓意嘗新。

無錫人早晨吃麥粥，中午吃餛飩，取混沌和合之意。有諺語說：「夏至餛飩冬至團，四季安康人團圓。」吃過餛飩，為孩童秤體重，希望孩童體重增加更健康。

中國西北地區如陝西，夏至食粽，並取菊為灰用來防止小麥受蟲害。而在南方，此日秤人以驗肥瘦。農家擀面為薄餅，烤熟，夾以青菜、豆莢、豆腐及臘肉，祭祖後食用或贈送親友。

在某些地區，夏至多有未成年的外甥和外甥女到娘家吃飯的習俗。舅家必備莧菜和葫蘆做菜，俗話說吃了莧菜，不會發痧，吃了葫蘆，腿裡就有力氣，也有到外婆家吃醃臘肉，說是吃了就會疰夏。

「冬至餃子夏至面」，好吃的北京人在夏至這天講究吃麵。按照老北京的風俗習慣，每年一到夏至節氣就可以吃生菜、涼麵了，因為這個時候氣候炎熱，吃些生冷之物可以降火開胃，又不至於因寒涼而損害健康。

山東煙台萊陽一帶，夏至日薦新麥，黃縣一帶則煮新麥粒吃，兒童們用麥稭編一個精緻的小笊籬，在湯水中一次一次地向嘴裡撈，既吃了麥粒，又是一種遊戲，很有農家生活的情趣。

何晏（？～西元二四九年），南陽宛人，就是現在的河南省南陽。三國時期魏國玄學家。少以才秀知名，好老、莊言。累官侍中、吏部尚書，典選舉，爵列侯。何晏與王弼齊名，是魏晉玄學貴無派創始人。今存《論語集解》、《景福殿賦》、《道論》等。

在小暑這一節氣裡，民諺有「頭伏蘿蔔二伏菜，三伏還能種蕎麥」，「頭伏餃子，二伏面，三伏烙餅攤雞蛋」之說。這些都是有關小暑飲食的。

伏天是一年中氣溫最高、潮濕、悶熱的日子，一年有「三伏」。百姓說的「苦夏」就在此時。

入伏的時候，恰是麥收不足一個月的時候，家家穀滿倉，又因為每逢伏天，人精神委頓，食慾不佳，而餃子是傳統食品中開胃解饞的佳品，所以人們利用這個機會，打打牙祭，吃頓白麵。

伏日吃麵食，這一習俗至少三國時期就已經開始了。據《魏氏春秋》記載，三國時期玄學家何晏在「伏日食湯餅，取巾拭汗，面色皎然」，人們才知道何晏肌膚白皙不是塗粉掩飾，而是自然白。這裡的「湯餅」就是熱湯麵。

南朝梁時期學者宗懍《荊楚夢時記》記載：「六月伏日食湯餅，名為辟惡。」農曆五月是「惡月」，天氣潮濕悶熱，蚊蟲孳生，傳染病流行;六月也沾惡月的邊，故也應「辟惡」。當然這是迷信的說法，但是伏日吃麵食，確實對身體有好處。

伏日人們的食慾缺乏，往往比常日消瘦，俗謂之苦夏。在山東，人們吃生黃瓜和煮雞蛋來治苦夏，入伏的早晨吃雞蛋，不吃別的食物。

徐州人入伏吃羊肉，稱為「吃伏羊」，這種習俗可上溯至堯舜時期，在民間有「彭城伏羊一碗湯，不用神醫開藥方」之說法。

大暑節氣的民俗體現在吃的方面，這一時節飲食習俗大致分為兩種：一種是吃涼性食物消暑。如粵東南地區就流傳著一句諺語：「六月大暑吃仙草，活如神仙不會老。」

與此相反的是，有些地方的人們習慣在大暑時節吃熱性食物。如福建莆田人要吃荔枝、羊肉和米糟來「過大暑」。

湘中、湘北素有一種傳統的進補方法，就是大暑吃童子雞。湘東南還有在大暑吃姜的風俗，「冬吃蘿蔔夏吃姜，不需醫生開藥方」。

閱讀連結

立夏稱人的體重，此俗興於南方，據說起源於三國時的蜀國。劉備去世以後，諸葛亮為了保存劉氏血脈，就把劉備的兒子阿斗交給趙子龍，讓他送往江東，請在江東的劉備的繼室孫夫人代養。這一天，正是二十四節氣中的立夏。

孫夫人當著趙子龍的面給阿斗稱了體重，悉心養護。後來，每年立夏這一天都稱一次，看看孩子體重增長多少。此後便流傳開來，成為立夏稱人的習俗。當然，立夏稱人體重的起源，還有其他的說法。

秋季歲時習俗的繼承

秋季節氣共有六個，分別為立秋、處暑、白露、秋分、霜降和寒露。

秋季節俗形態從古至今發生了重大變化。明月依舊，人心已非。一部中秋節俗形態演變史，也就是一部中國民眾心態的變遷史。

在中國古代，秋季也是最繁忙的季節，人們要及時收穫、儲藏糧食，還要狩獵、捕魚、醃製食品。

立秋狩獵

「立秋」，對古人來說可是個大節氣，人們要舉行各種儀式，來歡迎這個成熟豐收的季節。

古代帝王家的迎秋儀式，可謂正式而隆重。早在周代，逢立秋之日，天子便親率三公九卿諸侯大夫，到京城西郊祭祀迎秋。

漢代繼承這種習俗，天子去西郊迎秋，要射殺獵物祭祀。《後漢書·祭祀志》記載：「立秋之日，迎秋於西郊……殺獸以祭，表示秋來揚武之意。」「摸秋」畫像至唐代，每逢立秋日，也祭祀五帝。《新唐書·禮樂志》記載：「立秋立冬祀五帝於四郊。」

宋代時，宮廷中殿要種一棵梧桐樹，立秋這天要把栽在盆裡的梧桐移入殿內。

民間習俗有摸秋遊戲。這天夜裡婚後尚未生育的婦女，在小姑或其她女伴的陪同下，到田野瓜架、豆棚下，暗中摸索摘取瓜豆，故名「摸秋」。

俗謂摸南瓜，易生男孩；摸扁豆，易生女孩；摸到白扁豆更吉利，除生女孩外，還是白頭到老的好兆頭。

五帝 上古傳說史中的五位聖王聖帝，有各種說法。《史記五帝本紀》、《大戴禮記》、《易傳》、《禮記》、《春秋國語》認為是黃帝、顓頊、嚳、堯、舜，《尚書》、《白虎通義》認為是少昊、顓頊、嚳、堯、舜，《戰國策》認為是黃帝、伏羲、神農、堯、舜。一般多從第一說。

按照傳統風俗，是夜瓜豆任人採摘，田園主人不得責怪。姑嫂歸家再遲，家長也不許非難。人們視「摸秋」為遊戲，不作偷盜行為論處。過了這一天，家長要約束孩子，不準到瓜田裡拿人家的一枝一葉。

秋忙會一般在農曆七八月舉行，是為了迎接秋忙而作準備的經營貿易大會。有與廟會活動結合起來舉辦的，也有單一為了秋忙而舉辦的貿易大會。其目的是為了交流生產工具，變賣牲口，交換糧食以及生活用品等。

秋忙會設有騾馬市、糧食市、農具生產市、布匹、京廣雜貨市等。過會期間還有戲劇演出、跑馬、耍猴等文藝節目助興。

秋忙開始，農村普遍有「秋收互助」的習俗，你幫我我幫你，三五成群去田間搶收。既不誤農時，又能顆粒歸倉。

秋忙前後，農事雖忙，秋種秋收，忙得不亦樂乎，但忙中也有樂趣。一些青年人和十餘歲的孩子，在包穀、穀子、糜子生長起來以後，特別是包穀長成一人高，初結穗兒的時候，田間裡正是他們玩耍、遊戲的場所。

他們把嫩包穀穗掰下來，在地下挖一孔土窯，留上煙囪，就是一個天然的土灶，然後把嫩包穀穗放進去，到處拾柴火，包穀頂花就是很好的燃料，加火去燒。一會兒，全窯的包穀穗全被燒熟了，豐碩的包穀宴就在田間舉行。

他們還把弄來的柿子、紅苕，放在土窯洞裡，溫燒一個時辰，就會變成香甜的柿子。這種秋田裡的樂趣，一代一代地傳承下來。

民以食為天。秋風一起，胃口大開，想吃點好的，增加一點營養，補償夏天的損失，補的辦法就是「貼秋膘」：在立秋這天各種各樣的肉，燉肉、烤肉、紅燒肉等，「以肉貼膘」。

「啃秋」在有些地方也稱為「咬秋」。天津講究在立秋這天吃西瓜或香瓜，稱「咬秋」，寓意炎炎夏日酷熱難熬，時逢立秋，將其咬住。

江蘇省等地也在立秋這天吃西瓜以「咬秋」，據說可以不生秋痱子。在浙江等地，立秋日取西瓜和燒酒同食，民間認為可以防瘧疾。

城裡人在立秋當日買個西瓜回家，全家圍著啃，就是啃秋了。而農人的啃秋則豪放得多。他們在瓜棚裡，在樹陰下，三五成群，席地而坐，抱著紅瓤西瓜啃，抱著綠瓤香瓜啃，抱著白生生的山芋哨，抱著金燦燦的玉米棒子哨。哨秋抒發的，實際上是一種豐收的喜悅。

秋社原是秋季祭祀土地神的日子，始於漢代，後世將秋社定在立秋後第五個戊日。此時收穫已畢，官府與民間皆於此日祭神答謝。

韓偓（西元八四二年～九二三年），唐代詩人。自幼聰明好學，十歲時，曾即席賦詩送其姨夫李商隱，令滿座皆驚，李商隱稱讚其詩是「雛鳳清於老鳳聲」。後被稱為「一代詩宗」。代表作品《玉山樵人集》。

宋代秋社有食糕、飲酒、婦女歸寧之俗。唐代詩人韓偓《不見》詩：「此身願做君家燕，秋社歸時也不歸。」在一些地方，至今仍流傳有「做社」、「敬社 神」、「煮社粥」的說法。

處暑節氣前後的民俗多與祭祖及迎秋有關。處暑前後民間會有慶贊中元的民俗活動，俗稱「做七月半」或「中元節」。

舊時民間從七月初一起，就有開鬼門的儀式，直至月底關鬼門止，都會舉行普度布施活動。

據說普度活動由開鬼門開始，然後豎燈篙，放河燈招孤魂；而主體則在搭建普度壇，架設孤棚，穿插搶孤等行事，最後以關鬼門結束。時至今日，已成為祭祖的重大活動時段。

河燈也叫「荷花燈」，一般是在底座上放燈盞或蠟燭，中元夜放在江河湖海之中，任其漂泛。放河燈是為了普度水中的落水鬼和其他孤魂野鬼。據說這一天若是有個死鬼托著一盞河燈，就得托生。

對於沿海漁民來說，處暑以後漁業收穫的時節，每年處暑期間，在沿海有的地方要舉行隆重的開漁節，歡送漁民開船出海。

這時海域水溫依然偏高，魚群還是會停留在海域周圍，魚蝦貝類白露食「龍眼」

發育成熟。因此，從這一時間開始，人們往往可以享受到種類繁多的海鮮。

老鴨味甘性涼，因此民間有處暑吃鴨子的傳統。做法也五花八門，有白切鴨、檸檬鴨、子薑鴨、烤鴨、荷葉鴨、核桃鴨等。

北京至今還保留著這一傳統，一般處暑這天，北京人都會到店裡去買處暑百合鴨等。

白露實際上是天氣轉涼的象徵。福建省福州等地白露這天要吃龍眼進補。

浙江省溫州等地有過白露節的習俗。蒼南、平陽等地民間，人們於此日採集「十樣白」，以煨烏骨白毛雞或鴨子，據說食後可滋補身體。

「十樣白」也有「三樣白」的說法，乃是十種帶「白」字的草藥，如白木槿、白毛苦等，以與「白露」字面上相應。

龍眼 又稱「桂圓」，為無患子科植物，果供生食或加工成乾製品，肉、核、皮及根均可作藥用。原產於中國南部及西南部，世界上有多個國家和地區栽培龍眼，如泰國、印尼、澳洲的昆士蘭州、美國的夏威夷州和佛羅里達州等。

老南京人都十分青睞「白露茶」，茶樹經過夏季的酷熱，白露前後正是生長的極好時期。白露茶既不像春茶那樣鮮嫩，經不住泡，也不像夏茶那樣乾澀味苦，而是有一種獨特甘醇清香味，尤受老茶客喜愛。

蘇南籍和浙江籍的老南京中還有自釀白露米酒的習俗，舊時蘇浙一帶鄉下人家每年白露一到，家家釀酒，用以待客，常有人把白露米酒帶到城市。白露酒用糯米、高粱等五穀釀成，略帶甜味，故稱「白露米酒」。

白露時節也是太湖人祭禹王的日子。禹王是傳說中的治水英雄大禹，太湖畔的漁民稱他為「水路菩薩」。

每年正月初八、清明、七月初七和白露時節，這裡將舉行祭禹王的香會，其中又以清明、白露春秋兩祭的規模為最大，歷時一週。

在祭禹王的同時，還祭土地神、花神、蠶花姑娘、門神、宅神、姜太公等。活動期間，《打漁殺家》是必演的一台戲，它寄託了人們對美好生活的一種祈盼和嚮往。

秋分曾是傳統的「祭月節」。如古有「春祭日，秋祭月」之說。現在的中秋節則是由傳統的「祭月節」而來。

據考證，最初「祭月節」是定在「秋分」這一天，不過由於這一天在農曆八月裡的日子每年不同，不一定都有圓月。而祭月無月則是大煞風景的。所以，後來人們就將「祭月節」由「秋分」調至中秋。

據《禮記》記載：「天子春朝日，秋夕月。朝日之朝，夕月之夕。」這裡的夕月之夕，指的正是夜晚祭祀月亮。

早在周代，古代帝王就有春分祭日、夏至祭地、秋分祭月、冬至祭天的習俗。祭祀場所稱為「日壇」、「地壇」、「月壇」、「天壇」。分設在東南西北四個方向。北京的月壇就是明清時期皇帝祭月的地方。

這種風俗不僅為朝廷及上層貴族所奉行，隨著社會的發展，也逐漸影響到民間。

霜降時節，各地都有一些不同的風俗，在霜降節氣，百姓們自然也有自己的民趣民樂。

在中國的一些地方，霜降時節要吃紅柿子，在當地人看來，這樣不但可以禦寒保暖，同時還能補筋骨，是非常不錯的霜降食品。

閩南 簡稱為「閩」，指福建的南部，從地理、行政區劃、語系等各方面，廈門、漳州、泉州三個地區均合稱為閩南。「閩南」這個詞是在二十世紀後半期福建方言專家才提出的，之前閩南地區人遷徙到外地都自稱福建人，東南亞、廣東人也稱閩南人為福建人。

泉州老人對於霜降吃柿子的說法是：霜降吃柿子，不會流鼻涕。有些地方對於這個習俗的解釋是：霜降這天要吃柿子，不然整個冬天嘴唇都會裂開。

住在農村的人們到了這個時候，則會爬上一棵棵高大的柿子樹，摘幾個光鮮香甜的柿子吃。

閩南民間在霜降的這一天，要進食補品，也就是我們北方常說的「貼秋膘」。在閩南有一句諺語叫「一年補通通，不如補霜降」。從這句句小小的諺語就充分地表達出閩台民間對霜降這一節氣的重視。每到霜降時節，閩台地區的鴨子就會賣得非常火爆。

霜降節在民間也有許多講究以祛凶迎祥，求得生活順利、莊稼豐收。例如山東省煙台等地，有霜降節西郊迎霜的做法；而廣東省高明一帶，霜降前有「送芋鬼」的習俗。

當地小孩以瓦片壘塔，在塔裡放柴點燃，待到瓦片燒紅後，毀塔以煨芋，叫做「打芋煲」。隨後將瓦片丟至村外，稱作「送芋鬼」，以辟除不祥，表現了人們樸素的吉祥觀念。

重陽節登高的習俗由來已久。由於重陽節在寒露節氣前後，寒露節氣宜人的氣候又十分適合登山，慢慢地重陽節登高的習俗也成了寒露節氣的習俗。

北京人登高習俗更盛，景山公園、八大處、香山等 都是登高的好地方，重九登高節，更會吸引眾多的遊人。

九九登高，還要吃花糕，因「高」與「糕」諧音，故應節糕點謂之「重陽花糕」，寓意「步步高陞」。

花糕主要有「糙花糕」、「細花糕」和「金錢花糕」。黏些香菜葉以為代表，中間夾上青果、小棗、核桃仁之類的乾果。細花糕有三層兩層不等，每層中間都夾有較細的蜜餞乾果，如蘋果脯、桃脯、杏脯、烏棗之類。

金錢花糕與細花糕基本同樣。

寒露與重陽節接近，此時菊花盛開，菊花為寒露時節最具代表性的花卉，處處可見到它的蹤跡。

為除秋燥，某些地區有飲「菊花酒」的習俗。菊花酒是由菊花加糯米、酒麴釀製而成，古稱「長壽酒」，其味清涼甜美，有養肝、明目、健腦、延緩衰老等功效。

登高山、賞菊花，成了這個節令的雅事。這一習俗與登高一起，漸漸移至重陽節。

閱讀連結

南朝梁時期史學家吳均在《續齊諧記》中記載了這樣一個故事：

東漢方士費長房頗擅仙術，能知人間禍福。一天，他對其徒汝南桓景說，九月初九，你全家有難，但如能給每人做一紅布袋，裝上茱萸系在手臂上，然後去登高，並在山間飲菊花酒，即可倖免於難。

桓景照辦，果真初九晚間，全家從山上次來後，見家中雞、犬、牛、羊俱已暴死。事後，費長房告知，此乃家畜代為受禍。

這種神奇故事經過傳播，便形成了重陽節登高的習俗。

冬季歲時習俗的嬗變

冬季節氣共有六個，分別為立冬、小雪、大雪、冬至、小寒和大寒。

冬季歲時習俗有冬學、拜師活動，有放牛娃的有趣活動，還有醃臘肉、吃糍粑、曬魚干、吃煲湯、做臘八粥、醃製年肴、尾牙祭等飲食習俗。

中國北方的冬季，雖然白雪茫茫，但戶外活動依然很豐富，有狩獵、趕集，孩子們踢毽子、滑冰等。

「冬學」場景

相傳東漢時期末年，「醫聖」張仲景曾任長沙太守，這一年冬至這一天，他看見南陽的老百姓饑寒交迫，兩只耳朵紛紛被凍傷。

當時傷寒流行，病死的人很多，於是張仲景總結了漢代三百多年的臨床實踐，在當地搭了一個醫棚，架起一面大鍋，煎熬羊肉、辣椒和祛寒提熱的藥材，用面皮包成耳朵形狀，煮熟之後連湯帶食贈送給窮人。

老百姓從冬至吃到除夕，抵禦了傷寒，治好了凍耳。

從此，鄉里人與後人就模仿製作，稱之為「餃耳」或「餃子」，也有一些地方稱「扁食」或「燙麵餃」。而冬至吃餃子的習俗就流傳下來了。

張仲景（約西元一五〇年或一五四年～約二一五年或二一九年），名機，字仲景。生於東漢時南陽郡涅陽縣，即今河南省鄧州市和鎮平縣。東漢時期偉大的醫學家。世界醫史偉人，被奉為「醫聖」。其所著《傷寒雜病論》，是中醫史上第一部理、法、方、藥具備的經典，是中國醫學史上影響最大的著作之一。

其實，立冬時節的習俗不單單是吃餃子。東漢 大尚書崔寔《四民月令》：「冬至之日進酒餚，賀謁君師耆老，一如正日。」宋代每逢此日，人們更換新衣，慶賀往來，一如年節。

有些賀冬或稱拜冬的活動，逐漸固定化、程序化、更有普遍性。如辦冬學、拜師活動，都在冬季舉行。

冬天夜裡最長，而且又是農閒季節，在這個季節辦「冬學」是最好的時間。

《四民月令》是東漢後期敘述一年例行農事活動的專書，是東漢時期大尚書崔寔模仿古時月令所著的農業著作。敘述田莊從正月直至十二月中的農業活動，對古時穀類、瓜菜的種植時令和栽種方法有所詳述，也有篇章介紹當時的紡織、織染和釀造、製藥等手工業。

古代冬學非正規教育，有各種性質：如「識字班」，招收成年男女，目的在於掃盲;「訓練班」招收有一定專長的人，進行專業知識訓練，培養人才;「普通學習班」主要提高文化，普及科學技術知識。

冬學的校址，多設在廟宇或公房裡。教員主要聘請本村或外村人承擔，適當地給予報酬。

冬季裡，好多村莊都舉行拜師活動，是學生拜望老師的季節。入冬後城鎮鄉村學校的學董，領上家長和學生，端上方盤，盤中放四碟菜、一壺酒、一隻酒杯，提著果品和點心到學校去慰問老師，叫做「拜師」。

立冬節氣，有秋收冬藏的含義，中國過去是個農耕社會，勞動了一年的人們，利用立冬這一天要休息一下，順便犒賞一家人一年來的辛苦。有句諺語「立冬補冬，補嘴空」就是最好的比喻。

南方人在立冬時愛吃些雞鴨魚肉。在台灣立冬這一天，街頭的「羊肉爐」、「姜母鴨」等冬令進補餐廳高朋滿座。許多家庭還會燉麻油雞、四物雞來補充能量。

在中國北方，特別是北京、天津的人們愛吃餃子。為什麼立冬吃餃子？

因為餃子是來源於「交子之時」的說法。大年三十是舊年和新年之交，立冬是秋冬季節之交，故「交」子之時的餃子不能不吃。

亂彈 戲曲名詞。泛指清代康熙末年至道光末年的一百多年間新興的地方聲腔劇種。詞義內涵依使用情況不同而異。崑山腔以外的各種戲曲聲腔，諸如京腔、秦腔、弋陽腔、梆子腔、囉囉腔、二黃調等，統謂之「亂彈」。

小雪節氣的民俗有醃臘肉、曬魚干和吃煲湯等。

小雪後氣溫急遽下降，天氣變得乾燥，是加工臘肉的好時候。小雪節氣後，一些農家開始動手做香腸、臘肉等到春節時正好享受美食。

在南方某些地方，還有農曆十月吃糍粑的習俗。古時，糍粑是南方地區傳統的節日祭品，最早是農民用來祭牛神的供品。有俗語「十月朝，糍粑祿祿燒」，就是指的祭祀事件。

在小雪節氣，台灣中南部海邊的漁民們會開始曬魚干、儲存乾糧。烏魚群會在小雪前後來到台灣海峽，另外還有旗魚、鯊魚等。

台灣俗諺「十月豆，肥到不見頭」，是指在嘉義縣布袋一帶，到了農曆十月可以捕到「豆仔魚」。

小雪前後，土家族群眾又開始了一年一度的「殺年豬，迎新年」

民俗活動，給寒冷的冬天增添了熱烈的氣氛。

吃「煲湯」，是土家族的風俗習慣。在「殺年豬，迎新年」民俗活動中，用熱氣尚存的上等新鮮豬肉，精心烹飪而成的美食稱為「煲湯」。

在大雪時節，魯北民間有「碌碡頂了門，光喝紅黏粥」的說法，意思是天冷不再串門，一家人只在家喝暖呼呼的蕃薯粥度日。

老南京有句俗語叫 「小雪醃菜，大雪醃肉」。大雪節氣一到，家家戶戶忙著醃製「鹹貨」。

將大鹽加八角、桂皮、花椒、白糖等入鍋炒熟，待炒過的花椒鹽涼透後，塗抹在魚、肉和光禽內外，反覆揉搓。直至肉色由鮮轉暗，表面有液體滲出時，再把肉連剩下的鹽放進缸內，用石頭壓住，放在陰涼背光的地方，半月後取出，將醃出的滷汁入鍋加水燒開，撇去浮沫，放入晾乾的魚、肉等十天後取出，掛在朝陽的屋簷下晾曬乾，以迎接新年。

冬至是中國一個很重要的節氣。俗話說:「冬至大似年」。在古代，冬至非常重要，人們一直是把冬至當作另一個新年來過。

冬至這天，君主們都不過問國家大事，而要聽五天音樂，朝廷上下都要放假休息，軍隊待命，邊塞閉關，商旅停業，親朋各以美食相贈，相互拜訪，歡樂地過一個「安身靜體」的節日。

由於古代禮天崇陽，因此，冬至祭天是歷代王朝都很重視的活動。據《夢粱錄》記載，冬至到了，皇帝要到皇城南郊圜丘祭天，在 祭天前皇帝要先行齋戒。

除此之外，冬至那一天的朝會也很熱鬧，百官和外藩使者都要來參加這隆重的朝會。屆時，文武官員要整齊地排列在殿中，宋代時俗稱「排冬儀」。

皇帝駕臨前殿，接受朝賀，其儀式和元旦時一樣。這也正是《漢書》中所說的：「冬至陽氣起，君道長，故賀。」

古人認為，過了冬至，白晝一天比一天長，陽氣上升，是一個吉日，所以值得慶賀。《後漢書》、《晉書》等史籍中都有「冬至賀冬」的記載。尤其到了唐宋時期，這一習俗尤為盛行。

據《東京夢華錄》記載：「十一月冬至，京師最重此節，雖至貧者，一年之間，積累假借，至此日更易新衣，備辦飲食，祭祀先祖，財神等。」

到了立冬這一天，車馬喧嚷，街巷擁擠，行人往來不絕。明清兩代交替之際，雖曾一度廢止，但清代以後直至近世，民間仍有冬至節之俗。

立冬是十月的大節，漢魏時期，這天天子要親率群臣迎接冬氣，對為國捐軀的烈士及其家小進行表彰與撫卹，請死者保護生靈，鼓勵民眾抵禦外族的掠奪與侵襲。

在民間有祭祖、飲宴、卜歲等習俗，以時令佳品向祖靈祭祀，以盡為人子孫的義務和責任，祈求上天賜給來歲的豐年，農民自己也獲得飲酒、休息以及娛樂的酬勞。

古時，南京人對小寒頗重視，但隨著時代變遷，現已漸漸淡化，如今，人們只能從生活中尋找痕跡。

到了小寒，老南京一般會煮菜飯吃，菜飯的內容並不相同，有用矮腳黃青菜與鹹肉片、香腸片或是板鴨子，再剁上薑粒與糯米一起煮的，十分香鮮可口。

其中矮腳黃、板鴨都是南京的著名特產，可謂是真正的「南京菜飯」，甚至可與臘八粥相媲美。

至小寒時節，也是老中醫和中藥房最忙的時候，一般入冬時熬製的膏方都吃得差不多了。此時，有的人家會再熬製一點，吃至春節前後。

陽氣 生理學名詞。與陰氣相對。陽氣是人體物質代謝和生理功能原動力，是人體生殖、生長、發育、衰老和死亡的決定因素。它具有溫養全身組織、維護臟腑功能作用。陽氣虛就會出現生理活動減弱和衰退，導致身體禦寒能力下降。

居民日常飲食也偏重於暖性食物，如羊肉、狗 肉，其中又以羊肉湯最為常見，有的餐館還推出當歸生薑羊肉湯。

俗話說，「小寒大寒，冷成冰團」。南京人在小寒季節裡有一套地域特色的體育鍛鍊方式，如跳繩、踢毽子、滾鐵環，擠油渣渣、鬥雞等。如果遇到下雪，更是歡呼雀躍，打雪仗、堆雪人。

廣州傳統，小寒早上吃糯米飯，為避免太糯，一般是百分之六十糯米加百分之四十香米，把臘肉和臘腸切碎，炒熟，花生米炒熟，加一些碎蔥白，拌在飯裡面吃。

大寒已是農曆四九前後，傳統的「一九一隻雞」食俗仍被不少市民家庭所推崇。南京人選擇的多為老母雞，或單燉、或添加參鬚、枸杞、黑木耳等合燉，寒冬裡喝雞湯真是一種享受。

至臘月，老南京還喜愛做羹食用，羹肴各地都有，做法也不一樣，如北方的羹偏於黏稠厚重，南方的羹偏於清淡精緻。而南京的羹則取南北風味之長，既不過於黏稠或清淡，又不過於鹹鮮或甜淡。

大寒時節，人們開始忙著除舊飾新，醃製年肴，準備年貨，因為中國人最重要的節日春節就要到了。其間還有一個對於北方人非常重 要的日子臘八，即陰曆十二月初八。在這一天，人們用五穀雜糧加上花生、栗子、紅棗、蓮子等熬成一鍋香甜美味的臘八粥，是人們過年中不可或缺的一道主食。

按中國的風俗，特別是在農村，每至大寒節，人們便開始忙著除舊布新，醃製年肴，準備年貨。

閱讀連結

每年的農曆十月初一，為送寒衣節。這一天，特別注重祭奠先亡之人，謂之送寒衣。與春季的清明節，秋季的中元節，並稱為一年之中的三大「鬼節」。

民間傳說，孟姜女新婚燕爾，丈夫就被抓去修築萬里長城。秋去冬來，孟姜女千里迢迢，歷盡艱辛，為丈夫送衣禦寒。誰知丈夫卻屈死在工地，還被埋在城牆之下。

孟姜女悲痛欲絕，指天哀號呼喊，感動了上天，哭倒了長城，找到了丈夫屍體，用帶來的棉衣重新入殮安葬。由此而產生了「送寒衣節」。

龍頭節歲時習俗的形成

龍抬頭，是中國民間的傳統節日，漢族有，其他民族也有。龍抬頭是每年農曆二月初二，俗稱「青龍節」，傳說是龍抬頭的日子，它是中國農村的一個傳統節日。

二月初二正是驚蟄前後，百蟲蠢動，疫病易生，於是人們在那時就會焚香禱告，祈望龍抬頭出來鎮住毒蟲，祈求來年風調雨順，五穀豐登，這一天也稱為「龍頭節」。

拜祭龍王

在中國北方民間流傳著這樣一個神話故事。唐代武則天當上皇帝，惹惱了玉皇大帝，傳諭四海龍王，3年內不得向人間降雨。

不久，司管天河的龍王聽見民間人家的哭聲，看見餓死人的慘景，擔心人間生路斷絕，便違抗玉帝的旨意，為人間降了一次雨。

玉帝得知，把龍王打下凡間，壓在一座大山下受罪，山上立碑：「龍王降雨犯天規，當受人間千秋罪；要想重登靈霄閣，除非金豆開花時。」人們為了拯救龍王，到處找開花的金豆。

至二月初二這一天，人們正在翻曬玉米種子時，想到這玉米就像金豆，炒一炒開了花不就是金豆開花嗎？於是家家戶戶炒玉米花，並在院子裡設案焚香，供上開了花的「金豆」。

玉皇大帝 全稱「昊天金闕無上至尊自然妙有彌羅至真玉皇上帝」，又稱「昊天通明宮玉皇大帝」、「玄穹高上玉皇大帝」，居住在玉清宮。玉皇大帝除統領天、地、人三界神靈之外，還管理宇宙萬物的興隆衰敗、吉凶禍福。

龍王抬頭一看，知道百姓救它，便大聲向玉帝喊道：「金豆開花了，快放我出去！」玉帝一看人間家家戶戶院裡金豆花開放，只好傳諭，詔龍王回到天庭，繼續給人間興雲布雨。

從此，民間形成習慣，每至二月初二這一天，就炒玉米花吃。

四海龍王 是奉玉帝之命管理海洋的四個神仙，弟兄四人中東海龍王敖廣為大，其次是南海龍王敖欽、北海龍王敖順、西海龍王敖閏。四海龍王的職責是管理海洋中的生靈，在人間司風管雨，統帥無數蝦兵蟹將。

這種天上人間融為一體的民間故事，是中國古代人民智慧的結晶；從另一個角度來看，也反映出古代農業受天氣制約的現實以及耕者渴望風調雨順、五穀豐登的美好願望。

其實，二月初二「龍抬頭」與古代天文學對星辰運行的認識和農業節氣有關。

農曆二月以後，「雨水」節氣來臨，冬季的少雨現象結束，降雨量將逐漸增多起來，這本來就是華北季風氣候的特點。

舊時人們將黃道附近的星象劃分為二十八組，表示日月星辰在天空中的位置，俗稱「二十八宿」，以此作為天象觀測的參照。

二十八宿按照東西南北四個方向劃分為四大組，產生「四象」：東方蒼龍，西方白虎，南方朱雀，北方玄武。

二十八宿中的角、亢、氐、房、心、尾、箕七宿組成一個龍形星象，人們稱它為「東方蒼龍」。其中角宿代表龍角，亢宿代表龍的咽喉，氐宿代表龍爪，心宿代表龍的心臟，尾宿和箕宿代表龍尾，這些都反映了古代的龍文化。

據東漢時期語言學家許慎《說文》稱，龍「能幽能明，能細能巨，能短能長，春分而登天，秋分而潛淵」，這實際上說的是東方蒼龍星象的變化。

古時，人們觀察到蒼龍星宿春天自東方夜空升起，秋天自西方落下，其出沒週期和方位正與一年之中的農時週期相一致。

春天農耕開始，蒼龍星宿在東方夜空開始上升，露出明亮的龍首；夏天作物生長，蒼龍星宿懸掛於南方夜空；秋天莊稼豐收，蒼龍星宿也開始在西方墜落；冬天萬物伏藏，蒼龍星宿也隱藏於北方地平線以下。

每年的二月初二晚上，蒼龍星宿開始從東方露頭，角宿，代表龍角，開始從東方地平線上顯現。大約一個小時後，亢宿即龍的咽喉，升至地平線以上。接近子夜時分，氐宿即龍爪也出現了。

這就是「龍抬頭」的過程。

在此之後，每天的「龍抬頭」日期，均約提前 一點，一個月後，整個「龍頭」就「抬」起來了。

許慎 （約西元五八年～約一四七年），東漢時期汝南召陵人，現河南省郾城縣。著有《說文解字》和《五經異義》等。因他所著的《說文解字》聞名於世界，所以研究《說文解字》的人，皆稱許慎為「許君」，稱《說文》為「許書」，稱傳其學為「許學」。

人們將這天賦予多重含義和寄託，後來逐漸衍化成「龍抬頭節」、「春龍節」了。此外，二月初二龍抬頭的形成，也與自然地理環境有關。

二月初二龍抬頭節，主要流行於北方地區。由於北方地區常年乾旱少雨，地表水資源短缺，而賴以生存的農業生產又離不開水，病蟲害的侵襲也是莊稼的一大憂患。因此，人們求雨和消滅蟲患的心理便折射到對龍的日常信仰當中。

人們對二月初二龍抬頭節特別重視，人們依靠對龍的崇拜驅凶納吉，祈求龍神賜福人間，人畜平安，五穀豐登。寄託了人們對美好生活的嚮往。

傳說龍頭節最早起源於伏羲氏時期，伏羲「重農桑，務耕田」，每年二月初二「皇娘送飯，御駕親耕」。

至周武王時期，每年二月初二還舉行盛大儀式，號召文武百官都要親耕。從古至今，人們過「龍頭節」，充滿了崇拜龍的思想觀念。

俗話說「龍不抬頭天不雨」。在古代神格譜系中，龍是掌管降雨的神仙，降雨的多少直接關係到一年的莊稼的豐歉。

因此，為了求得龍神行雲布雨，二月初二這天要在龍神廟前擺供，舉行隆重的祭拜儀式，同時唱大戲以娛神。

除祭祀龍神外，民間往往還舉行多種活動納吉，諸如舞龍、剃龍頭、引龍伏蟲、吃豬頭肉等。

舞龍，就是在二月初二這天上街舞龍慶祝。遇上好的年份，老百姓幾家合夥製作一條龍，期望新的一年在龍的蔭護下再獲豐收。

神格 神格是神靈的力量核心，神靈的絕大部分力量都在神格之中，傳說中甚至有許多凡人因為得到了神格而封神成為神靈。在西方的傳說中，神格是由於神對於宇宙的瞭解，從而對事物的本質瞭解而掌握了各種規則，使之與自己的能量相結合，就形成了神格。

早在漢代，就有雜記記載舞龍的壯觀場面：為了祈雨，人們身穿各色綵衣，舞起各色大龍。漸漸地，舞「龍」成為了人們表達良好祝願、祈求人壽年豐必有的形式，尤其是在喜慶的節日裡，人們更是手舞長「龍」，宣泄著歡快的情緒。

舞龍的形式多種多樣。耍龍的時候，少則一兩個人，多則上百人舞一條大龍。最為普遍的叫「火龍」，舞火龍的時候，常常伴有數十盞雲燈相隨，並常常在夜裡舞，所以「火龍」又有一個名稱叫「龍燈」。

耍龍燈的時候，有幾十個大漢舉著巨龍在雲燈裡上下穿行，時而騰起，時而俯衝，變化萬千，間或還有鞭炮、煙火，大有騰雲駕霧之勢。下面簇擁著成百上千狂歡的人們，歡呼雀躍，鑼鼓齊鳴，蔚為壯觀，好不熱鬧！

這種氣勢雄偉的場面，極大地刺激了人們的情緒，振奮和鼓舞了人心，因此，舞「龍」成為了維繫中華民族傳統文化不可缺少的樂章。

所謂剃龍頭，指二月初二理髮。兒童理髮，叫剃「喜頭」，借龍抬頭之吉時，保佑孩童健康成長，長大後出人頭地；大人理髮，辭舊迎新，希望帶來好運，新的一年順順利利。

東南沿海地區一直流傳著二月初二「剪龍頭」的習俗，這天不論是大人、孩子都要剃頭，叫「剃喜頭」。特別是男孩子，都要理髮，謂之「剪龍頭」，據說在這一天理髮能夠帶來好運，也有要想鴻運當剃頭的寓意。

引龍伏蟲也是中國龍抬頭節習俗之一。中國古代將自然界中的生物分成蠃、鱗、毛、羽、昆五類，稱為「五蟲」。

蠃蟲指的是人類，鱗蟲指的是水族，毛蟲指的是走獸，羽蟲指的是飛禽，昆蟲就是昆蟲了。龍是鱗蟲之長，龍出則百蟲伏藏。

二月初二正是驚蟄前後，正是百蟲萌動之時，因此人們引龍伏蟲，希望借龍威鎮伏百蟲，保佑人畜平安，五穀豐登。

引龍伏蟲的活動有很多，最有特點是撒灰。撒灰十分講究。灰多選用草木灰，人們自家門口以草木灰撒一條龍到河邊，再用穀糠撒一條龍引到家，意為送走懶惰的青龍、引來象徵富貴的黃龍，保佑人財兩旺。

從臨街大門外一直撒到廚房灶間，並繞水缸一圈，叫做「引錢龍」；將草木灰撒於門口，能攔門辟災；將草木灰撒於牆腳，呈龍蛇狀，則可以招福祥、避蟲害。

在北京民間，二月初二有很多習俗，比如說「二月初二，照房梁，蠍子蜈蚣無處藏」。老百姓要在這天驅除害蟲，點著蠟燭，照著房梁和牆壁驅除蠍子、蜈蚣等，這些蟲兒一見亮光就掉下來被消滅了。

陝西省富縣一帶還流行著撒灰圍莊牆外的做法，也是伏龍驅蟲的表現。後來，也出現了用石灰替代草木灰伏龍降蟲的做法。

三牲 從最早的含義開始，就是指三個不同的活牲畜，當時並沒有特指具體為哪三個牲畜。古代牲畜都有應用等級，多為組合祭祀、大型組合宴會中的三個不同等級使用的牲畜。因此，古代三牲就意味著為「三個等級」或者「泛指多個等級」的組合準備「多種活的牲畜」。

二月初二這天，大人們要用五色布剪出方形或圓形小塊，中間夾以細秫稭稈，用線穿起來，做長蟲狀，戴在孩童衣帽上，俗稱「戴龍尾」，驅災闢邪。

舊時這天讓孩子開筆寫字，取龍抬頭之吉兆，祝願孩子長大後識文斷字，名為「開筆」。二月初二簡單的舉動，飽含著人們對孩子的殷切期望，也飽含著大人自己對美好生活的希望。

二月初二吃豬頭肉也有說法。自古以來，供奉祭神總要用豬牛羊「三牲」，後來簡化為三牲之頭，豬頭即其中之一。

北方人在二月初二龍抬頭之日，家家戶戶煮豬頭，是因為初一、十五都過完了，二月初二是春節中最後一個節日。

一般農戶人家辛辛苦苦忙了一年，至臘月二十三過 小年時殺豬宰羊，正月一過，臘月殺的豬肉基本上吃光了，最後剩下一個豬頭，就只能留在二月初二吃了。

關於吃豬頭肉，宋代蘇軾的《仇池筆記》中曾記錄了一個故事：

王中令平定巴蜀之後，甚感腹饑，於是闖入一鄉村小廟，卻遇上了一個喝得醉醺醺的和尚，王中令大怒，欲斬之。哪知和尚全無懼色，王中令很奇怪，轉而向他討食。

《仇池筆記》北宋時期蘇軾撰。此書也為讀書筆記及所見所聞之記錄，是《東坡志林》姊妹篇，體裁、宗旨皆相同。所記內容也十分廣泛，涉及經史子集、制度風俗、逸聞時事、山川風物、佛道修養等各個方面，以記身邊瑣事及詩文評述為主，足資治史者參考。

不多時和尚獻上了一盤「蒸豬頭」，並為此賦詩寫道：

嘴長毛短淺含膘，久向山中食藥苗。

蒸時已將蕉葉裹，熟時兼用杏漿澆。

紅鮮雅稱金盤汀，熟軟真堪玉箸挑。

王中令吃著美饌蒸豬頭，聽著風趣別緻的「豬頭詩」，甚是高興，於是封那和尚為「紫衣法師」。看起來二月初二吃豬頭是古代留下的傳統，是吉祥兆頭的代表。

宋代王中令吃蒸豬頭，品「豬頭詩」，那番景像已經是歷史。現如今人們吃「扒豬臉」就不一般了。人們更偏向於用豬頭肉做其他的菜餚，一是為了圖方便；二是因為過完春節家裡很少有完整的豬頭了。

「扒豬臉」經過選料、清洗、噴烤、洗泡、醬製等十二道大關卡的標準化生產，歷經十多個小時的修煉，才能端上餐桌。

吃「扒豬臉」有三種，一是原汁原味吃；二是蘸醬汁吃；三是卷煎餅吃。每一種吃法都有不同的滋味。

二月初二吃「扒豬臉」，回味五千年的餐飲歷史，該會是一種當代與歷史交融的完美體現。這正是：二月初二，春龍節，龍的傳人過龍節，龍節要吃豬頭肉。

二月初二與「龍抬頭」相關的活動很多，就全國而言，由於地域不同，各地風俗也各有差異。比如山東地區的吃炒豆，北京地區的「咬春」，山西地區的「司錢龍」，黃河三角洲地區的「放龍燈」等。

在山東地區，二月初二這天家裡要停止一切家務，尤其是要停止針線活，免得「傷了龍目」；要停止洗衣，恐怕「傷了龍皮」。二月初一的晚上，家裡有石磨的就要把石磨掀起來，據說是不要影響了「龍抬頭」，只有這樣才能「細雨下得滿地流，一年吃穿不發愁」。

不過，山東地區過二月初二不可缺少的，則是在流傳甚廣的吃炒豆習俗。

清晨，家家用鹽或糖炒豆，謂稱「炒蠍子爪」。很多地方還在用很古樸的方法：用提前篩好的沙土炒黃豆，還有蠶豆、黃豆、玉米花、青豆、豌豆等品種一應俱全，口味各不相同。

山東內陸地區對二月初二的講究更多，其中有一項重要的民俗活動，那就是圍糧倉。

二月初二清晨，村民早早起床，家庭主婦從自家鍋灶底下掏一筐燒柴禾餘下的草木灰，拿一把小鐵鏟子鏟些草木灰，人走手搖，在地上畫出一個個圓來。

圍倉的圓圈，大套小，少則三圈，多則五圈，圍單不圍雙。圍好倉後，把家中的糧食虔誠地放在倉的中間，還有意撒在倉的外圍，象徵當年的大豐收。

在北京地區，二月初二龍抬頭這天，要烙一種很薄的麵餅，又稱「薄餅」。吃春餅名稱「咬春」，也叫「吃龍鱗」。

春餅比吃烤鴨的薄餅要大，並且有韌性，因為要捲很多菜吃。昔日，吃春餅時講究到盒子鋪去叫「蘇盤」，又稱「盒子菜」。盒子鋪就是醬肉鋪，店家派人送菜到家。

盒子裡分格碼放燻大肚、松仁小肚、掛爐烤的肉、清醬肉、燻肘子、醬肘子、醬口條、燻雞、醬鴨等。吃時需切成細絲，另配幾種家常炒菜，一起捲進春餅裡吃。

炒菜通常為肉絲炒韭芽、肉絲炒菠菜、醋烹綠豆芽、素炒粉絲，攤雞蛋等，若有剛上市的「野雞脖韭菜」炒瘦肉絲，再配以攤雞蛋，更是鮮香爽口。佐料有細蔥絲和淋上香油的黃醬，烤鴨則配甜麵醬。

吃春餅時，全家圍坐一起，把烙好的春餅放在蒸鍋裡，隨吃隨拿，為的是吃個熱乎勁兒。若在二月初二這一天吃春餅，北京人還講究把出嫁的姑娘接回家。

在北京，還有一種豆麵糕，北京清真風味小吃。用蒸熟的黃米或糯米揉成團，撒炒熟的黃豆麵，再加入赤豆餡心，捲成長條，撒上芝麻桂花白糖食用。

豆麵糕在清代時，經營者現製現售，隨製隨撒豆麵，猶如郊野毛驢就地打滾黏滿黃土似的，故得了「驢打滾」這一詼諧之名。

老北京的習俗，人們總喜歡在農曆二月買「驢打滾」品嚐，因而經營這種食品攤販和推車小販很多，以天橋市場白姓食攤和「年糕虎」做得最有名氣。

晉北地區這一天，盛行「引錢龍」。引錢龍時要緊口說話，以免驚跑了錢龍。

早上太陽未出山，家家戶戶提一把茶壺，到河邊或井上去汲水。按照這一年幾龍治水的推算，在茶壺內放幾枚銅錢或硬幣。汲水以後，隨走隨灑一條水跡回到家中，將餘下的水與錢全部倒入水缸，錢龍就引回家來了，意喻一年發財。

晉西北一些地方的引錢龍，選擇一棵大樹或一塊大石頭，用灰線圍灑一圈。再用紅線拴一枚銅錢，先將銅錢置放在灰線圈內，手拉線牽回家中，用容器蓋住即成。

在黃河三角洲地區，有「放龍燈」的習俗，不少人家用蘆葦或秫稭紮成小船，插上蠟燭或放上用蘿蔔挖成的小油碗，放到河裡或灣裡點燃，為「龍照路」。

此外，這一天民間飲食還多以龍為名，以取吉利，如吃水餃叫吃「龍耳」，吃米飯叫吃「龍子」，吃餛飩叫吃「龍牙」，蒸餅也在面上做出龍鱗狀來，稱「龍鱗餅」。

民間有許多禁忌避諱「龍抬頭」，諸如此日家中忌動針線，怕傷到龍眼，招災惹禍；忌擔水， 認為這天晚上龍要出來活動，禁止到河邊或井邊擔水，以免驚擾龍的行動，招致旱災之年；忌諱蓋房打夯，以防傷「龍頭」；再者，忌諱磨麵，認為磨麵會榨到龍頭，不吉利。

俗話說「磨為虎，碾為龍」，有石磨的人家，這天要將磨支起上扇，方便「龍抬頭升天」。

除上面介紹的活動及食俗之外，還有吃蠍豆、擊梁驅蟲等。但不論哪種方式，均圍繞美好的龍神信仰而展開，它是人們寄託生存希望的活動，衍化成「龍抬頭節」、「春龍節」了。

閱讀連結

相傳在宋代時，把二月初二龍頭節稱之為「花朝節」，把這一天指定為「百花生日」。

元代稱為「踏青節」，百姓在這一天出去踏青、郊遊。

明清時期則稱之為「驚蟄」，因為此時天氣漸暖，一些昆蟲動物好似被春天的陽光和春雷從睡夢中驚醒了一般。

百姓傳說中的大龍實際是沒有的，那種龍就是在蛇、蚯蚓等基礎上，我們祖先想像加工出來的。二月初二前後，春回大地，人們期望龍出鎮住一切有害的毒蟲，期望著豐收。這就是「二月初二龍抬頭」的說法。

花朝節歲時習俗的演化

花朝節，簡稱「花朝」，俗稱「花神節」、「百花生日」、「花神生日」。流行於東北、華北、華東、中南等地。是中國古代一個十分重要的民間傳統節日。

花朝節節期因地而異，這與各地花信的早遲有關。有的農曆二月初二舉行，也有二月十二、二月十五舉行。節日期間，人們有各種傳統活動。

花神雕塑

據傳說，唐玄宗李隆基天寶年間，有位名叫崔玄徽的花迷，遠近聞名。

在一個早春二月之夜，崔元徽於園中品茗賞花，忽見一群容貌豔麗的女子來謁，其中有個小巧玲瓏的姑娘，自稱「石氏」，但大家都叫她「醋醋」。

女子們稱要借此地與風神封姨相見。封姨也稱「封家姨」、「十八姨」、「封十八姨」，是傳說中的風神。

正說話間，來了一位明眸皓齒的少婦。眾人起身行禮，並恭稱封姨。

崔元徽命人敬上酒菜果肴，盡地主之誼。眾女謝過之後，把盞暢飲，高聲談笑。

宴席間，封姨不意碰翻酒盅，醋醋的紅羅裙被弄髒。醋醋本是石榴神，她粉面含怒，拂袖便走。眾女子相顧驚慌。

封姨板起面孔，恨恨地說：「小奴婢竟敢無禮！」夜宴不歡而散。

唐玄宗李隆基（西元六八五年～七六二年），唐睿宗李旦第三子，母親竇德妃。唐玄宗也稱唐明皇，謚號「至道大聖大明孝皇帝」，廟號玄宗。在位期間，開創了唐朝乃至中國歷史上的最為鼎盛的時期，史稱「開元盛世」。

原來這些美女皆是花精，她們要在人間花苑迎春怒放，可是那位叫封姨的風神出頭阻撓。花精們本想藉機向封姨求情，不料醋醋壞了事。如今眾花精都埋怨她，只好求助於崔元徽。

次日晚間，醋醋姑娘飄然來到崔元徽面前，要他準備一些紅色錦帛，畫上日月星辰，在農曆二月二十一的五更時懸掛在園中的花枝上，到時必有奇異景象。崔元徽依言行事。

到了二月二十一日五更時分，果然狂風大作，飛沙走石，天地一片昏暗。但見大樹在狂風中搖曳，枯枝頃刻間全部被狂風撕扯而去。可是令人驚奇的是，崔元徽園中枝上的花卉因為有了彩帛護住，不搖不動，依舊爭奇鬥豔，燦然如常。

當夜，眾花精又變成一群麗人來花園裡向崔元徽致謝，還各用衣袖兜了些花瓣勸他當場和水吞服。

崔元徽吃了麗人的花藥，從此神清氣爽，後來延年益壽至於百歲。因他年年此日，懸彩護花，最終登仙。

崔元徽懸彩護花，終成仙人，此事眾口相傳，以致人們對花越來越喜愛，終於形成習俗，成為了中國古代一個十分重要的民間傳統節日花朝節。

由於中國各地氣候差異較大，因而花朝節的節期也因各地花信的早遲而異。

中原和西南地區以農曆二月初二為花朝；江南和東北地區以二月十五為花朝，據說這是與農曆八月十五中秋節相應，稱「花朝」對「月夕」。此外，還有一些地區以農曆二月十二或十八為花朝節。

花信是古人在每一候內開花的植物中，挑選的一種花期最準確的植物代表。古人把應花期而來的風叫「花信風」，意即帶來開花音訊的風候。

風應花期，中國便產生了「二十四番花信風」節令用語，它也是中國廣大地區表示氣候變換的體現。中國南北氣候條件不同，南方比北方提早幾天為節日是合理的。

《黃帝內經》說「五日謂之候，三候謂之氣」。根據農曆節氣，每年從小寒到穀雨，共八氣。每氣十五天，一氣又分三候，每五天一候。八氣共是二十四候，每一候應一種花信。二十四候便成了二十四種花期的代表。

小寒一候梅花，二候山茶，三候水仙；大寒一候端香，二候菊花，三候山礬；立春一候迎春，二候櫻花，三候望春；雨水一候菜花，二候杏花，三候李花；驚蟄一候桃花，二候棣棠，三候薔薇；春分一候海棠，二候梨花，三候木蘭；清明一候桐花，二候麥花，三候柳花;穀雨一候牡丹，二候荼花，三候楝花。

從小寒開始，每一候花信風便是候花開放時期，至穀雨前後，就百花盛開，萬紫千紅，四處飄香，春滿大地。楝花排在最後，表明楝花開罷，花事已了。

經過二十四番花信之後，以「立夏」為起點的「綠肥紅瘦」的夏季悄然來臨。

花朝節在全國盛行，據傳始於唐代武則天執政時期。武則天嗜花成癖，每到農曆二月十五花朝節這一天，她總要令宮女採集百花，和米一起搗碎蒸製成糕，用花糕來賞賜群臣。上行下效，從官府至民間就流行起了花朝節活動。

在唐代，人們把正月十五的元宵節、二月十五的花朝節、八月十五的中秋節這三個「月半」被視為同等重要的歲時節日。

至宋代，花朝節的日期有被提前至二月十二或二月初二的，花朝節日期還因地而異。至清代，一般北方以二月十五為花朝，而南方則以二月十二為百花生日。

至於「花神」，相傳是指北魏夫人的女弟子女夷，傳說她善於種花養花，被後人尊為「花神」，並把花朝節附會成她的節日。明代末期文學家馮夢龍的《灌園叟晚逢仙女》，講了一個花神懲治惡霸、扶助花農的故事。

女夷 南嶽夫人魏華存的弟子。西元三三四年，魏華存以八十三歲高齡辭世，傳說她死後七天即被西王母派眾仙接引升天。相傳女夷後來也升天成仙，掌管天下名花，稱為花神。據說她擊鼓唱歌時，禽鳥草木皆長，被稱為「主春夏萬物生長之神」，俗稱「花神」。傳說她還在西湖邊桃花豔紅時賣過湯圓。

大宋仁宗年間，江南平江府東門外長樂村中有位名叫秋先的老者，他妻子亡故，膝下無兒女，因自幼酷好栽花種果，把田業都撇棄了，專於其事。日積月累，便建成了一個大花園。

秋先是個花痴，不僅對自己滿園的花呵護備至，對別處的花木也常常流連忘返。

馮夢龍 （西元一五七四年～一六四六年），號龍子猶、墨憨齋主人、顧曲散人等。明代文學家、戲曲家。他的「三言兩拍」是中國白話短篇小說的經典代表。他對小說、戲曲等通俗文學的創作、收集、整理、編輯，為中國文學作出了獨特的貢獻。

城中有一名張委的宦家子弟，為人奸狡詭譎，殘忍刻薄，常常和手下一班如狼似虎的奴僕及幾個無賴子弟危害鄰里。

一天，他帶了四五個家丁及惡少，遊蕩至秋先門前。

秋先老人正在澆灌完盛開的牡丹，於花前獨酌。不想張衙內破門而入，一番尋釁滋事，最後竟把個好端端的花園子踐踏得隻蕊不留，狼藉遍地。

待風捲殘雲後，秋先走向前，望著滿園零落的花蕊，心中悽慘，頓時淒然淚下。

正哭之間，只聽得背後有人叫道：「秋公為何這般痛哭？」

原來是一個女子，年約二十八歲，姿容美麗，雅淡梳妝，卻不認得是誰家之女。

秋先將張委打花之事說出。

那女子笑道：「我祖上傳得個落花返枝的法術，屢試屢驗。」

按照她的要求，秋先取水出來，發現殘花果然重上枝頭，而且各種花瓣色彩摻雜，比從前更好看了。

這件稀奇事很快就傳到了好惹是生非的張衙內耳朵裡，於是再次上門施展辣手摧花，還找藉口給秋先套上了枷鎖。

惡少們一直打砸至晚上，忽然捲起一陣風，化作一位姿容美麗的紅衣女子，原來，她就是花仙。

只見花仙長袖翻飛，掀起一股刺骨的冷風，將張衙內一夥像螻蟻一樣吹走。狂風大作，張衙內本人也一頭栽進了沼池。

後來，花仙又施展法術，把秋先老人從牢獄中解救了出來。

在這個故事裡，花仙已經成了正義和力量的化身，寄託了人們對美好事物與正義力量相結合的心願。

明代以後的花神形象，愈加栩栩如生。她風姿嫵媚，手持中國的花魁芍藥、牡丹，或手提盛有這兩種花的花籃，安詳地守護著善良勞動人民心中的美好宿願。

相傳花朝節是「百花生日」，民間認為花朝日晴，主全年百花繁盛。節日期間，人們結伴到郊外遊覽賞花，稱為「踏青」，各地還有「裝獅花」、「放花神燈」等風俗。

蒔花 即栽花。蒔花弄草，又稱「侍花弄草」。又稱「時花」，泛指花期不久、花朵繁盛的鮮花，多用於城市綠化及節慶日裝扮。品種繁多，常主要在溫室盆栽培養，到達花期後用於裝飾。可按照設計好的圖案連盆擺放，也可種植於泥土中。

北京以農曆二月十二為花王誕日，幽人雅士，賦詩唱和，並出郊外各名園賞花。山東省商丘等縣，以花朝日之陰晴，占卜全年小麥、水果的豐歉。

在江蘇省虎丘市，人們陸續去花神廟，殺牲祭神，以祝仙誕。閨中女郎剪五色絹帛黏在花枝上，謂之「賞紅」。

賞花是生活中的一種雅興，中國古代在賞花方面積累的民俗文化成果尤稱豐富，舊時流行於各地城鄉的花朝節習俗就是一例。

農曆二月仲春，正值芳菲盛開、綠枝紅葩的時節，為花朝節的活動提供了繁麗豐碩的天然背景。這一天花販在出售蒔花時，照例用紅布條或紅紙束縛花枝，許多養花人家亦將彩帛紅紙等懸掛在花枝上，謂之「賞紅」或「護花」。

眾多的花農花販及從事其他種植業的農民，率於此日會集花神廟前，殺牲供果以祝神誕，或演戲文娛神，引得成群結隊的遊客前來觀看，形成熱鬧的廟會場景。

傳說花神專管植物的春長夏養，所以，祀奉她的就不僅僅限於花農了，還包括耕種莊稼果蔬的農人。

吳越 是春秋吳國、越國故地的並稱，泛指現在的江蘇省南部、上海、浙江、安徽省市南部、江西省東部一帶地區。吳越是一個古老的東方民族，擁有輝煌的國家歷史和輝煌的文化經濟。吳越民系是古老的江東民系，共同締造這片地域。李白「我欲因之夢吳越」道不盡吳越江南之美。

長江三角洲一帶多有花神廟，舊時吳越花農的家裡還常供奉著花神的塑像。二月初二花神生辰，許多地方，不少農人都要聚集於花神廟內設供，以祝神禧。

人們紛至沓來，就此形成廟會。這天夜裡，要提舉各種形狀的「花神燈」，在花神廟附近巡遊，以延伸娛神活動。

古時，每逢花朝，文人雅士邀三五知己，賞花之餘，飲酒作樂，互相唱和，高吟竟日。撰有名劇《桃花扇》的清初文學家孔尚任，也曾寫有「竹枝詞」形容花朝踏青歸來的盛況：「千里仙鄉變醉鄉，參差城闕掩斜陽。雕鞍繡轡爭門入，帶得紅塵撲鼻香。」

宋代時開封一帶的花朝曾流行「撲蝶會」，是當時民間頗有趣味的遊藝活動。

花朝吉日，正值芳菲醞釀之際，家家攤曬各類種子，據說要湊其「百樣種子」，以祈豐收。預卜的方 法很簡單：是日忌雨，晴則帶來百物豐熟的吉兆。

唐代的節日文化與飲食文化都十分發達。據傳武則天嗜花，每至夏曆二月十五花朝節這一天，她總要令宮女採集百花，和米一起搗碎，蒸製成糕，用花糕來賞賜群臣。這種糕有著花瓣的馥郁和穀物的芬芳，很快就上行下效，宮廷坊上一時分外流行。

總之，作為農耕民族，中國古人歷來對大地上生長的植物有著深厚的感情。熱愛花的民族多是熱愛美和生活的民族。「一樹梨花落晚風」、「一枝紅豔露凝香」等，正是中華文化孕育出淡淡的幽香。

閱讀連結

據《花木錄》記載，魏夫人是西晉女道士，上清派第一代太師。魏夫人弟子女夷善種花，號花姑，她餐風飲露，統領群花。傳說魏華存死後即被西王母派眾仙接引升天。女夷也升天成仙。

後來，女夷因觸犯天條被貶入凡間，在嵩縣九皋山南麓的花神澗修道後，再次成仙。女夷擊鼓唱歌時，百谷禽鳥草木皆長，因此被稱為主春夏萬物生長之神，俗稱「花神」。

實際上花神不止一個，女夷是花王國女王，又稱「百花仙子」，她下面還有多個花神，每神各司一花。

清明節歲時習俗的沿襲

清明是二十四節氣中唯一演變成民間節日的節氣，在中國已有兩千多年的歷史。

清明時節，春耕春種，高潮迭起，同時，人們也常在這段美好的日子裡踏青、春遊，享受自然。清明不僅是一個極重要的農事季節，也是民間進行掃墓、插柳、踏青、放風箏等豐富的紀念和娛樂活動的時節，這也使清明充滿了誘人的色彩。

晉文公

關於清明節，流傳著這樣一則感人肺腑的典故，說的是晉文公重耳的故事。

春秋戰國時期，晉國大公子重耳受奸臣陷害，在大臣介子推的保護下，流亡國外。

有一天，他們在一座大山裡迷了路，幾天幾夜沒吃上東西，重耳餓得頭昏眼花再也無力走動。介子推割下自己腿上一塊肉，用火烤熟送給重耳。

重耳吃完後問肉是哪來的，介子推告訴說是自己腿上的肉。

重耳感動地說：「你這樣待我，日後我怎樣報答你呢？」

介子推說：「我不求報答，但願你不要忘記我割肉的痛苦，要多想些治理國家的方法，希望你以後做一個清明的國君。」

重耳流亡後的第十九年，終於回國做了晉國的國君，就是著名的「春秋五霸」　之一的晉文公。他把流亡時期跟隨他和他同甘共苦的臣子都封賞了，唯獨忘了介子推。

晉文公重耳（西元前六七一年～前六二八年，或前六九七年～前六二八年），初為公子，謙而好學，善交賢能智士。漂泊多年後復國立君。對內拔擢賢能，對外聯秦合齊，保宋制鄭，開創晉國長達百年的霸業。文治武功，昭明後世，顯達千秋，與齊桓公並稱「齊桓晉文」，為後世儒家、法家等學派稱道。

有人在晉文公面前為介子推叫屈，晉文公猛然憶起舊事，心中有愧，馬上差人去請介子推上朝受賞封官。差人去了幾趟，介子推不來。

晉文公只好親自去請。

可是，當晉文公來到介子推家時，只見大門緊閉。原來，介子推不願意見他，已經背著老母躲進了綿山。綿山位於現在的山西省介休縣東南。

晉文公見不到介子推，便讓他的御林軍上綿山搜尋，但還是沒有找到。這時有人出了個主意說，不如放火燒山，三面點火，留下一方，大火起時介子推會自己走出來的。

晉文公下令舉火燒山，孰料大火燒了三天三夜等火熄滅後，還是不見介子推出來。

晉文公和御林軍一起搜山。上山一看，介子推母子倆抱著一棵燒焦的大柳樹已經死了。

晉文公望著介子推的屍體，伏地哭拜，然後安葬遺體。這時，他突然發現介子推脊樑堵著個柳樹樹洞，洞裡好像有什麼東西。

春秋五霸 春秋時期，一些強大諸侯國為了爭奪霸權，互相征戰，爭做霸主，先後稱霸的五個諸侯叫做「春秋五霸」。《史記》認為，春秋五霸當指齊桓公姜小白、宋襄公茲甫、晉文公重耳、秦穆公任好和楚莊王羋熊侶。

晉文公命人掏出一看，原來是片衣襟，上面題了一首血詩：

割肉奉君盡丹心，但願主公常清明。

柳下做鬼終不見，強似伴君作諫臣。

倘若主公心有我，憶我之時常自省。

臣在九泉心無愧，勤政清明復清明。

晉文公將血書藏入袖中，把介子推母子安葬在那棵燒焦的大柳樹下。離開時，他伐了一段燒焦的柳木，帶回到宮中。

晉文公命人將柳木做了雙木屐，每天穿在腳上，常常望著它哀嘆：「悲哉足下！」「足下」是古人同輩之間相互尊敬的稱呼，據說就是來源於此。

第二年，晉文公領著群臣，素服徒步登山祭奠，表示哀悼。行至墳前，只見那棵老柳樹死樹復活，綠枝千條，隨風飄舞。

晉文公望著復活的老柳樹，就像看見了介子推一樣。祭掃後，晉公雕刻文公把復活的老柳樹賜名為「清明柳」，又把這天定為「清明節」。

以後，晉文公常把血書帶在身邊，作為鞭策自己執政的座右銘。他治國勤政清明，勵精圖治，把國家治理得很好。

晉國的百姓得以安居樂業，對有功不居、不圖寶貴的介子推也是非常懷念。每逢介子推離世的那天，大家禁止煙火來表示紀念。

還用麵粉和著棗泥，捏成燕子的模樣，用楊柳條串起來，插在門上，召喚他的靈魂，這東西叫「之推燕」。

清明節與寒食節本來是兩個不同的節日。寒食節的日子是在冬至後一百〇五天，約在清明前後。因兩者日子相近，所以唐代時，將祭拜掃墓的日子定為「寒食節」，將清明與寒食合併為一天。

據專家考證，寒食節的真正起源，是源於古代的鑽木、求新火之制。古人因季節不同，用不同的樹木鑽火，有改季改火之俗。

而每次改火之後，就要換取新火。新火未至，就禁止人們生火，這是當時的一件大事。也由此形成了古老的寒食節習俗。

清明的習俗是豐富有趣的，家家蒸清明果互贈，不僅講究禁火、掃墓，還有踏青、盪鞦韆、蹴鞠、插柳等一系列風俗體育活動。

相傳這是因為清明節要寒食禁火，為了防止寒食冷餐傷身，所以大家來參加一些體育活動以鍛鍊身體。因此，這個節日中既有祭掃新墳，生死離別的悲酸淚，又有踏青遊玩的歡笑聲，是一個富有特色的節日。

踏青，又叫「探春」、「尋春」、「郊遊」。清明前後正是踏青的好時光，所以成為清明節習俗的一項重要內容。

清明踏青在山東極為普遍。臨朐、滕州的兒童一早就到村外踏青、放風箏。有的用柳條做成口哨吹，哨聲十分動聽。有的地方，人們大口呼氣，據說可以洩內火。

大部分地區都有盪鞦韆的習慣，山東省濰坊地區的鞦韆有三種：一種是直鞦韆；第二種是轉鞦韆；第三種是翻鞦韆。

即墨比較重視清明節，這天人們一起床就換上節日服裝。特別是婦女，個個打扮得漂漂亮亮，到處串門。先看新媳婦坐寒食，就是像舉行婚禮那天一樣在炕上坐著，然後去盪鞦韆。

鞦韆蕩得高，意味著生活過得好，所以大家都你爭我搶，興高采烈地盪鞦韆。這一天，婦女玩得十分痛快，因此，當地有「女人的清明男人的年」的說法。

古代清明節習俗有蹴鞠遊戲。鞠是一種皮球，球皮用皮革做成，球內用毛塞緊。蹴鞠，就是用足去踢球。這是古代清明節時人們喜愛的一種遊戲。相傳是黃帝發明的，最初目的是用來訓練武士。至今我們叫足球。

掃墓是清明節習俗的重要內容。其實，掃墓在秦以前就有了，清明掃墓則是秦以後的事，至唐代才開始盛行，並相傳至今。

舊時，山東泰安的掃墓儀式比較隆重。男主人挑著四碟小菜和水餃到祖墳，先將祭品供上，然後焚香燒紙，灑酒祭奠。

山東省招遠、即墨、臨朐、臨清等地掃墓時還要給墳墓添新土。據說，這是幫祖先修屋，以防夏天雨大漏水，實質上是對祖先的懷念。

多數地區是在清明這天掃墓，少數地區，如諸城在寒食這天掃墓，而龍口、博興等地則在清明前四天掃墓。

「燒包袱」是祭奠祖先的主要形式。包袱也稱「包裹」，是指孝屬從陽世寄往「陰間」的郵包。過去，紙店有賣所謂「包袱皮」，即用白紙糊一大口袋。

包袱皮有兩種形式。一種是用木刻版，把周圍印上梵文音譯的《往生咒》，中間印一個蓮座牌位，用來寫上收錢亡人的名諱，如「已故張府君諱雲山老大人」字樣，既是郵包又是牌位。

另一種是素包袱皮，不印任何圖案，中間只貼一藍簽，寫上亡人名諱即可。也作為主牌用。

包袱裡的冥錢，種類很多。大燒紙砸上四行圓錢，每行五枚。

冥鈔是人間有了洋錢票之後仿製的，上書「天堂銀行」、「冥國銀行」、「地府陰曹銀行」等字樣，多系巨額票面，背後印有佛教《往生咒》；假洋錢用硬紙作心，外包銀箔，壓上與當時通行的銀元一樣的圖案。

《往生咒》是佛教淨土宗信徒經常持誦的一種咒語。也用於超度亡靈。信徒認為，現世一切所求都能如意獲得，不被邪惡鬼神所迷惑。若能持誦二十萬遍，就會萌生智慧的苗芽。若念三十萬遍，就能親自看見阿彌陀佛。

用紅色印在黃表紙上的《往生咒》，呈一圓錢狀，故又叫「往生錢」；用金銀箔疊成的元寶、錁子，有的還要用線穿成串，下邊綴一彩紙穗。

舊時，不拘貧富均有燒包袱的舉動。

這一天，在祠堂或家宅正屋設供案，將包袱放於正中，前設水餃、糕點、水果等供品，燒香秉燭。全家依尊卑長幼行禮後，即可於門外焚化。

焚化時，畫一大圈，按墳地方向留一缺口。在圈外燒三五張紙，謂之「打發外鬼」。

有的富戶要攜家帶眷乘車坐轎，親到墳塋去祭掃。屆時要修整墳墓，或象徵性地給墳頭上添添土，還要在上邊壓些紙錢，讓他人看了，知道此墳尚有後人祭祀。

清明節山東各地都插柳條、松枝，據說是紀念介子推。泰安家家戶戶插柳條，並給狗戴上柳條圈，民謠「清明不插柳，死了變黃狗。」即墨則習慣戴松枝，寓意要像松柏一樣興旺。

臨沂、諸城等一些地方用柳條、松枝在牆壁等處輕輕抽打，邊打邊說：「一年一個清明節，楊柳單打青幫蠍，白天不准門前過，夜裡不准把人蜇。」

清明插柳戴柳還有一種說法：以清明、七月半和十月朔為三大鬼節，是百鬼出沒討索之時。人們為防止鬼的侵擾迫害，而插柳戴柳。柳在人們的心目中有闢邪的功用。

受佛教的影響，人們認為柳可以卻鬼，而稱之為「鬼怖木」，觀世音以柳枝沾水濟度眾生。清明既是鬼節，值此柳條發芽時節，人們自然紛紛插柳戴柳以闢邪了。

盪鞦韆，是古代清明節習俗。鞦韆的歷史很古老，最早叫「千秋」，後為了避忌諱，改為「鞦韆」。古時的鞦韆多用樹丫枝為架，再拴上綵帶做成。後來逐步發展為用兩根繩索加上踏板的鞦韆。

盪鞦韆不僅可以增進健康，而且可以培養勇敢精神，至今為人們特別是兒童所喜愛。

放風箏，也是清明時節人們所喜愛的活動。每逢清明時節，人們不僅白天放，夜間也放。夜裡在風箏下或拉線上掛上一串串彩色的小燈籠，像閃爍的明星，被稱為「神燈」。

過去，有的人把風箏放上藍天後，便剪斷牽線，任憑清風把它們送往天涯海角，據說這樣能除病消災，給自己帶來好運。

清明是在寒食後的一天，屬於氣清景明、萬物皆顯、草木吐綠的時節。在寒食之時，偶爾會不小心把山上的草木燒掉了；寒食過去，清明來至，是多種些樹木補上的時候了。因此清明也是中國傳統的植樹節。

清明節吃的食物也很豐富。農村中有蒸制蒿餅的習俗。蒿餅類似江南的青團，製法是采新蒿嫩芽和糯米一同搗碎，使蒿汁與米粉融和成一體，以肉、蔬菜、豆沙、棗泥等做餡，放入各種花式的木模之中，用新蘆葉墊底入籠蒸熟。

蒿餅顏色翠綠且帶有植物清香，是清明祭祖的食品之一，也用來 饋贈或款待親友。此外，清明淮揚地區還有喫茶葉蛋的習俗。

清明時節，江南一帶有吃青糰子的風俗習慣。青糰子是用一種名叫「漿麥草」的野生植物搗爛後擠壓出汁，接著取用這種汁同晾乾後的水磨純糯米粉拌勻糅合，然後開始製作糰子。

糰子的餡心是用細膩的糖豆沙製成，在包餡時，另放入一小塊糖豬油。團坯制好後，將它們入籠蒸熟，出籠時用毛刷將熟菜油均勻地刷在糰子的表面，這便大功告成了。

青糰子油綠如玉，糯韌綿軟，清香撲鼻，吃起來甜而不膩，肥而不腴。青糰子還是江南一帶人用來祭祀祖先必備食品，正因為如此，青糰子在江南一帶的民間食俗中顯得特別重要。

中國南北各地清明節有吃饊子的食俗。「饊子」為一油炸食品，香脆精美，古時叫「寒具」。

閱讀連結

相傳劉邦到父母墳墓祭拜時，數座墓碑因連年戰爭而東倒西歪，無法辨認。

找不到父母的墳墓，他只好從衣袖裡拿出冥錢，撕成小碎片，然後向上蒼禱告說：「爹娘在天有靈，如果紙片落在一個地方，風都吹不動，就是您老人家的墳墓。」

說完把紙片向空中拋。果然有一片紙片穩穩地落在一座墳墓上。劉邦跑過去細瞧墓碑，果然看到他父母名字刻在上面。

劉邦馬上請人重新整修父母親的墓，而且從此以後，他每年清明節都到父母的墳上祭拜。

國家圖書館出版品預行編目（CIP）資料

萬年曆法：古代曆法與歲時文化 / 臺運真 編著 . -- 第一版 .
-- 臺北市：崧燁文化，2020.03
面；公分
POD 版

ISBN 978-986-516-109-5(平裝)

1. 曆法 2. 歲時

327　　108018491

書　名：萬年曆法：古代曆法與歲時文化
作　者：臺運真 編著
發行人：黃振庭
出版者：崧燁文化事業有限公司
發行者：崧燁文化事業有限公司
E-mail：sonbookservice@gmail.com
粉絲頁：　網址：
地　址：台北市中正區重慶南路一段六十一號八樓 815 室
8F.-815, No.61, Sec. 1, Chongqing S. Rd., Zhongzheng Dist., Taipei City 100, Taiwan (R.O.C.)
電　話：(02)2370-3310 傳　真：(02) 2388-1990
總經銷：紅螞蟻圖書有限公司
地　址: 台北市內湖區舊宗路二段 121 巷 19 號
電　話:02-2795-3656 傳真 :02-2795-4100　網址：
印　刷：京峯彩色印刷有限公司（京峰數位）

定　價：200 元
發行日期：2020 年 03 月第一版
◎ 本書以 POD 印製發行